Kleber Batistela Pereira

Projeto e desenvolvimento da teoria clássica de controle PID

AF138164

Kleber Batistela Pereira

Projeto e desenvolvimento da teoria clássica de controle PID

Controle automático proporcional integral e derivativo

Novas Edições Acadêmicas

Impressum / Impressão
Bibliografische Information der Deutschen Nationalbibliothek: Die Deutsche Nationalbibliothek verzeichnet diese Publikation in der Deutschen Nationalbibliografie; detaillierte bibliografische Daten sind im Internet über http://dnb.d-nb.de abrufbar.

Informação biográfica publicada por Deutsche Nationalbibliothek: Nationalbibliothek numera essa publicação em Deutsche Nationalbibliografie; dados biográficos detalhados estão disponíveis na Internet: http://dnb.d-nb.de.

Coverbild / Imagem da capa: www.ingimage.com

Verlag / Editora:
Novas Edições Acadêmicas
ist ein Imprint der / é uma marca de
OmniScriptum GmbH & Co. KG
Heinrich-Böcking-Str. 6-8, 66121 Saarbrücken, Deutschland / Niemcy
Email / Correio eletrônico: info@nea-edicoes.com

Herstellung: siehe letzte Seite /
Publicado: veja a última página
ISBN: 978-3-639-84956-1

SUMÁRIO

1

INTRODUÇÃO

O controle automático tem desempenhado um papel vital no avanço da engenharia e da ciência. Além de sua extrema importância para os veículos espaciais, para os sistemas de guiamento de mísseis, sistemas robóticos e similares, o controle automático tornou-se uma parte importante e integrante dos processos industriais e de manufatura modernos. Por exemplo, o controle automático é essencial no comando numérico de máquinas-ferramentas das indústrias manufatureiras, no projeto de sistemas de pilotagem automática da indústria aeroespacial e no projeto de automóveis e caminhões da indústria automobilística. É ainda essencial nas operações industriais tais como: controle de pressão, temperatura, umidade, viscosidade e vazão nas indústrias de processo.

Considerando que os avanços na teoria e na prática do controle automático propiciam meios para se atingir desempenho ótimo de sistemas dinâmicos, melhoria da produtividade, alívio no trabalho enfadonho de muitas operações manuais repetitivas de rotina e muito mais, os engenheiros e cientistas, em sua maioria, devem possuir agora um bom conhecimento deste campo.

Este trabalho deve estudar os controladores: Proporcional, Integral e Derivativo utilizando recursos matemáticos, práticos e tecnológicos como softwares de simulação para levantar e apresentar dados de um servomecanismo. O objetivo final do estudo e uso destas ferramentas é proporcionar ao estudante uma visão clara dos passos para modelamento, levantamento, comparação e apresentação de resultados de um servomecanismo.

1.1. História da Engenharia de Controle

O primeiro trabalho significativo em controle automático foi o de James Watt, que construiu, no séc. XVIII, um controlador centrífugo para o controle de velocidade de uma máquina a vapor. Outros trabalhos importantes nos primeiros estágios de

3

desenvolvimento da teoria do controle se devem a Minorsky, Hazen e Nyquist, dentre outros. Em 1922, Minorsky trabalhou em controladores automáticos para pilotar navios e mostrou como determinar sua estabilidade a partir da representação do sistema através de equações diferenciais. Em 1932, Nyquist desenvolveu um procedimento relativamente simples, para determinar estabilidade de sistemas em malha fechada com base na resposta estacionária de sistemas a malha aberta a excitações senoidais. Em 1934 Hazen, que introduziu o termo "servomecanismos" para designar sistemas de controle de posição, discutiu o projeto de servomecanismos a relê capazes de seguir, de muito perto, uma excitação variável no tempo.

Durante a década de 1940, os métodos de resposta de freqüência tornaram possível aos engenheiros projetar sistemas de controle a malha fechada satisfazendo requisitos de desempenho. Do final da década de 1940 até o início dos anos 50, desenvolveu-se completamente o método do lugar das raízes graças a Evans.

Os métodos de resposta de frequência e do lugar das raízes, que constituem o núcleo da teoria de controle clássica, conduziram à realização de sistemas estáveis e que satisfazem um conjunto de requisitos de desempenho mais ou menos arbitrários. Tais sistemas são, em geral, aceitáveis, mas não corresponde a realizações projetadas intencionalmente segundo algum critério ótimo. A partir do final dos anos 50, a ênfase nos problemas de projeto de controle tem sido deslocada do projeto de um dos muitos sistemas possíveis de operar para o projeto de um sistema que seja ótimo de acordo com um determinado critério.

Tendo em vista que os sistemas modernos, dotados de muitas entradas e muitas saídas, se tornaram mais e mais complexos, a descrição de tal sistema de controle envolve um grande número de equações. A teoria de controle clássica, que trata somente de sistemas com uma única entrada e uma única saída, tornou-se insuficiente para lidar com sistemas de entradas e saídas múltiplas. A partir de 1960, aproximadamente, a disponibilidade dos computadores digitais tomou possível à análise, no domínio do tempo, de sistemas complexos, ensejando o desenvolvimento da moderna teoria de controle baseada nas técnicas de análise e

4

síntese através de variáveis de estado. Esta teoria foi desenvolvida com o objetivo de tratar a complexidade crescente dos sistemas modernos e atender às rigorosas exigências quanto a peso, exatidão e custos de projetos relativos às aplicações militares, espaciais e industriais.

Durante o período de 1960 a 1980, foi investigado o controle ótimo de sistemas determinísticos e estocásticos bem com o controle adaptativo e o controle com aprendizado. De 1980 aos dias de hoje, os desenvolvimentos na moderna teoria de controle têm se concentrado no controle robusto, no controle de H∞ e tópicos associados.

Agora que os computadores digitais tornaram-se mais baratos e compactos, é crescente a sua utilização como parte integrante dos sistemas de controle. Aplicações recentes da moderna teoria de controle incluem outras áreas além da engenharia tais como sistemas biológicos, biomédicos, econômicos e socioeconômicos.

1.2.Revisão Bibliográfica

O livro "Engenharia de Controle Moderno" [OGATA,2000] fornece os conceitos fundamentais de sistemas de controle realimentados e uma base matemática elementar necessária ao entendimento do assunto abordado. Trata da modelagem matemática de componentes físicos e sistemas, e desenvolve modelos de função de transferência de tais componentes e sistemas.

Uma referência bastante completa e interessante é o exemplo descrito em "Sistema de Leitura do Acionador de Disco" desenvolvido ao longo dos capítulos de "Sistemas de Controle Modernos" [DORF,2000]. Este projeto tem como objetivo posicionar uma cabeça de leitura/gravação de dados em disco, com precisão, e deslocá-la conforme a necessidade de uma trilha para a outra em 10 ms (milisegundos) se possível.

É mostrado todo desenvolvimento matemático com exemplos de simulação no Matlab a partir da função de transferência do sistema, análise do comportamento às diversas entradas e critérios de qualidade.

No livro de "Sinais e Sistemas" [HAYKIN,2001] apresenta um tratamento introdutório das muitas facetas dos sistemas lineares com realimentação. Também aborda as várias vantagens práticas da realimentação e o custo de sua aplicação. São discutidas em detalhes as aplicações de realimentação em projetos de amplificadores operacionais.

O problema da estabilidade, básico para o estudo dos sistemas com realimentação é tratado detalhadamente ao considerar os seguintes métodos: O método do lugar das raízes (Root Locus), que está relacionado com a resposta transitória do sistema de malha fechada e o critério de estabilidade de Nyquist relacionado com a resposta em frequência de malha aberta.

Existem aplicações de sistemas de posicionamento em diversas áreas, independente de pequenos sistemas ou grandes sistemas. O que define o grau de complexidade do projeto não é o tamanho, mas sim os requisitos iniciais de qualidade como, por exemplo, o tempo de resposta e a precisão da posição.

O livro "Microeletrônica" [SEDRA, 2000] apresenta circuitos empregando realimentação negativa para aplicações práticas. É abordado o problema da estabilidade nos amplificadores realimentados. É realizada também uma abordagem do ajuste da tensão de "Offset" de amplificadores operacionais, o qual é muito importante quando se utiliza amplificadores operacionais em sistemas de alta qualidade, ou seja, quando é exigida desses sistemas uma alta precisão na resposta dos mesmos.

Em "Sistemas de Controle, Teoria e Projetos" [Bento, Celso Roberto, 1963], o assunto é abordado de uma forma muito didática fornecendo subsídios práticos ao leitor. O livro foi escrito levando em consideração a experiência e dificuldade do autor durante sua jornada profissional simplificando alguns aspectos da matemática utilizada em sistemas de controle.

1.3.Composição da Obra

No "Capítulo 2: FUNDAMENTOS TEÓRICOS" faz uma introdução teórica sobre sistemas à malha aberta e sistemas a malha fechada. A aplicação desses sistemas não está limitada a áreas da engenharia, sendo encontrados em outras áreas. O texto mostra a aplicação dos dois tipos de sistemas, as vantagens e desvantagens e faz uma comparação de custo.

É descrito quando se utilizar a abordagem clássica de controle e quando se utilizar a abordagem de controle moderno mediante as especificações de desempenho fornecidas.

Nesse capítulo também são feitas análises da resposta transitória em sistemas de 2° ordem, abordando a resposta transitória Impulsiva e a resposta transitória ao degrau unitário.

O estudo do critério de qualidade no domínio do tempo é apresentado através de análise da reposta ao degrau e também do erro atuante estacionário.

6

No "Capítulo 3: CONTROLADOR PROPORCIONAL, INTEGRAL E DERIVATIVO ANALÓGICO" é mostrado como um sistema, que pode ser representado matematicamente através de um conjunto de equações que representam a dinâmica deste sistema. Podem ser equações diferenciais obtidas através da aplicação das leis físicas que governam o sistema.

É definida a função de transferência de um determinado sistema e, a partir dela, definem-se os controladores para este sistema. Especificamente serão apresentados os controladores proporcional e integral, desde sua concepção até sua implementação. Estes controladores serão utilizados em uma realização composta por um motor de corrente contínua (DC) de imã permanente, um conjunto redutor de engrenagens e, na saída, um transferidor para visualização da posição.

Projeto e implementação de um Protótipo Analógico, apresenta-se desenvolvido pelo autor, aluno do Mestrado Engenharia Mecânica - Automação Industrial da Universidade Taubaté em sua atividade de pesquisa, juntamente com seu Orientador.

Os diagramas dos circuitos eletrônicos, o diagrama em blocos do sistema assim como suas principais equações, são apresentados neste capítulo. É feita, finalmente, uma comparação entre as respostas do sistema obtidas experimentalmente e pela simulação numérica do modelo teórico concebido.

No "Capítulo 4: CONTROLADOR PROPORCIONAL, INTEGRAL E DERIVATIVO DIGITAL" é utilizado o kit K8055 da empresa Velleman que se baseia no hardware de um PIC 16C745 que possui comunicação com PC, via USB.

O K8055 é utilizado em conjunto com o MyOpenLab, um software todo baseado na Plataforma Netbeans, que se utiliza de componentes em sua Biblioteca, programados em Java, com protocolo aberto, permitindo a customização do usuário para direcionar seu Projeto.

O Projeto e implementação de um PID no ambiente VM (Visual Modeling), do MyOpenLab é apresentado e integrado ao driver e Taco gerador do Sistema Analógico.

Os diagramas dos circuitos eletrônicos, o diagrama em blocos do sistema, a programação, assim como os resultados obtidos são apresentados neste capítulo.

No "Capítulo 5: AVALIAÇÃO DOS RESULTADOS" são comparados os resultados do Sistema Analógico com o Sistema Digital, onde serão geradas as bases para a conclusão do trabalho.

No "Capítulo 6: CONCLUSÃO" tem a medição de performace do Sistema Analógico e do Sistema Digital, concluindo vantagens e desvantagens de uso de cada tecnologia.

FUNDAMENTOS TEÓRICOS

Para se discutir os sistemas de controle, alguns termos básicos devem ser definidos. Esses termos serão largamente utilizados no decorrer do trabalho.

2.1. Definição da Teoria de Controle

Variável Controlada e Variável Manipulada
A variável **controlada** é a grandeza ou a condição que é medida e controlada. A variável **manipulada** é a grandeza ou a condição variada pelo controlador de modo a afetar o valor da variável controlada. A variável controlada é normalmente a grandeza de saída do sistema. Controlar significa medir o valor da variável controlada e aplicar o valor conveniente da variável manipulada ao sistema de modo a corrigir ou limitar o desvio entre o valor medido e o valor desejado da variável controlada.

Sistemas a Controlar
Um sistema a controlar é uma parte de um equipamento, eventualmente um conjunto de itens de uma máquina que funcionam juntos e cuja finalidade é desempenhar uma determinada operação.

Processos
Processo é definido como uma operação ou desenvolvimento natural, que evolui progressiva e continuamente, caracterizado por uma série de mudanças graduais que se sucedem umas às outras, de um modo relativamente fixo e objetivando um resultado particular ou meta; ou, urna operação artificial ou voluntária que evolui progressivamente e se constitui de uma série de ações controladas ou de movimentos sistematicamente dirigidos para se alcançar um determinado resultado ou meta.

Sistemas
Um sistema é uma combinação de componentes que atuam em conjunto e realizam certo objetivo. Um sistema não é limitado apenas a algo físico. 0 conceito de sistema pode ser aplicado a fenômenos abstratos, dinâmicos, como os encontrados em Economia. A palavra *sistema* deve, por conseguinte, ser interpretada para designar sistemas físicos, biológicos, econômicos, e outros.

Distúrbios
Um distúrbio ou perturbação é caracterizado por um sinal que tende a afetar de modo adverso o valor da variável de saída de um sistema. Se um distúrbio for gerado internamente no sistema, ele é dito um distúrbio **interno**; ao passo que um distúrbio **externo** é produzido fora do sistema e se comporta como um sinal de entrada no sistema.

Controle com Retroação.
Controle com retroação ou a malha fechada se e refere a uma operação que, em presença de distúrbios, tende a reduzir a diferença entre o sinal de saída de um sistema e o sinal de referência, e que opera com base nesta diferença.

Um sistema que mantém uma relação preestabelecida entre a grandeza de saída e a grandeza de referência, comparando-as e utilizando a diferença como meio de controle, é dito um *sistema de controle com retroação.* Um exemplo disso seria o sistema de controle de temperatura de um ambiente. Medindo a temperatura ambiente e comparando com a temperatura de referência (temperatura desejada), faremos com que o termostato acione o equipamento de calefação ou de refrigeração, ligando ou desligando cada um deles, de tal forma que a temperatura do ambiente permaneça na faixa de conforto estabelecida, a despeito das condições externas.

Os sistemas de controle com retroação não ficam limitados às aplicações da engenharia, mas podem ser encontrados em diversos outros campos. O corpo humano, por exemplo, é um sistema de controle com retroação altamente sofisticado. A pressão sanguínea e a temperatura do corpo são mantidas constantes por intermédio de retroação fisiológica. Com efeito, a retroação desempenha uma função vital: ela torna o corpo humano insensível às perturbações externas, habilitando-o a funcionar de forma adequada sob condições ambientais mutáveis.

Os sistemas de controle com retroação são freqüentemente referidos como *sistemas de controle a malha fechada.* Na prática, os termos controle com retroação e controle a malha fechada são usados indistintamente. Num sistema de controle a malha fechada, o sinal atuante de erro, que é a diferença entre o sinal de entrada e o sinal de retroação (que pode ser o próprio sinal de saída ou uma função do sinal de saída, suas derivadas e/ou integrais), excita o controlador de modo a reduzir o erro e trazer o valor do sinal, para o valor desejado. A expressão controle a malha fechada acarreta sempre o uso da retroação a fim de reduzir o erro do sistema.

Os sistemas nos quais o sinal de saída não afeta a ação de controle são chamados de *sistemas de controle a malha aberta.* Em outras palavras, num sistema de controle a malha aberta, não se mede o sinal de saída nem tão pouco este sinal é enviado de volta para comparação com o sinal de entrada. Um exemplo prático disto é o da máquina de lavar roupa. As operações de colocar de molho, lavar e enxaguar em uma lavadora são executados por uma seqüência programada em função do tempo. A máquina não mede o sinal de saída, isto é, a limpeza das roupas.

Nos sistemas de controle a malha aberta o sinal de saída não é comparado com o sinal de referência na entrada. Assim, a cada sinal de referência na entrada corresponde uma condição de operação fixa; como resultado, a exatidão do sistema depende de uma calibração. Na presença de distúrbios, os sistemas de controle a malha aberta não desempenham a tarefa desejada. Na prática, os sistemas de controle a malha aberta são usados somente quando as relações entre a entrada e a saída do processo a controlar forem conhecidas e quando não existem distúrbios internos e externos. Tais sistemas não são, obviamente, sistemas de controle com retroação. Note-se que todos os sistemas em que as ações de controle são

9

diretamente uma função do tempo constituem um sistema a malha aberta. O controle de tráfego por meio de sinais operados com base no tempo é outro exemplo de controle a malha aberta.

Uma vantagem dos sistemas de controle a malha fechada é o fato de que o uso da retroação torna a resposta do sistema relativamente insensível a perturbações externas e a variações internas de parâmetros do sistema. É portanto, possível à utilização de componentes baratos e sem muita exatidão para obter o controle preciso de um determinado processo, o que é impossível com o controle à malha aberta. Do ponto de vista da estabilidade, é mais fácil construir sistemas a malha aberta porque a estabilidade destes sistemas é menos problemática. Por outro lado, a estabilidade em sistemas de controle a malha fechada é sempre um grande problema pela tendência em corrigir erro além do necessário, o que pode ocasionar oscilações de amplitude constante ou crescente com o tempo.

Deve-se enfatizar que, para sistemas onde as entradas são conhecidas antecipadamente no tempo e não há distúrbios é aconselhável o uso de controle a malha aberta. Os sistemas de controle a malha fechada se mostram vantajosos apenas quando estão presentes perturbações e/ou alterações imprevisíveis nos parâmetros de componentes do sistema. Convém notar que a potência de saída determina parcialmente o custo, o peso e as dimensões do sistema de controle. O número de componentes utilizados num sistema de controle a malha fechada é maior que o de um sistema similar com o controla a malha aberta. Assim, um sistema de controle a malha fechada é maior em custo e em potência. No sentido de reduzir a potência necessária à operação do sistema, o controle a malha aberta deve ser escolhido sempre que possível. Uma combinação apropriada de controle a malha aberta e controle a malha fechada é, normalmente, menos dispendiosa e fornece um desempenho global do sistema bastante satisfatório.

Os sistemas de controles reais são geralmente não-lineares. Quando, no entanto, podem ser aproximados por meio de modelos matemáticos lineares, torna-se possível utilizar um dos muitos métodos de projeto bem detalhados. Num sentido prático, as especificações de desempenho requeridas para o sistema em pauta sugerem qual método deve ser utilizado. Quando as especificações são fornecidas em termos das características transitórias da resposta e/ou de medidas de desempenho no domínio da freqüência, não há outra escolha além de usar a abordagem clássica baseada no método do lugar das raízes e/ou nos métodos de reposta de freqüência. Se as especificações forem fornecidas através de índices de desempenho em termos de variáveis de estado, então a preferência será pelas técnicas de controle moderno.

Enquanto as abordagens de projeto de sistemas no contexto da teoria de controle moderno (métodos no espaço de estados) utiliza formulação matemática do problema e aplica teoria matemática para projetar problemas nos quais os sistemas podem ter múltiplas entradas e múltiplas saídas e serem variantes no tempo. Através da aplicação da teoria de controle moderno, o projetista está a iniciar o projeto a partir de um índice de desempenho, junto com as restrições impostas ao sistema, e proceder ao projeto de um sistema estável por meio de enfoque inteiramente analítico. A vantagem do projeto calculado na teoria de controle moderno é que ele permite ao projetista obter um sistema de controle que é ótimo com respeito ao índice de desempenho considerado.

Os sistemas que podem ser projetados através do enfoque convencional são usualmente limitados aos sistemas mono variáveis (uma única variável de entrada e uma única variável de saída), lineares e invariantes no tempo. Os projetistas buscam satisfazer todas as especificações de desempenho por meio de uma repetição disciplinada da técnica de ensaio/erro. Após concluir o projeto, os projetistas testam o sistema para ver se todas as especificações de desempenho foram atendidas. Se alguma especificação deixa de ser alcançada, o processo é repetido, ajustando-se valores de parâmetros ou trocando a configuração até que as especificações fornecidas sejam respeitadas. Como o projeto é baseado em um procedimento de ensaio/erro, a inventividade e a experiência do projetista desempenham um papel relevante na realização de um projeto bem sucedido.

É usualmente desejável que o sistema projetado apresente erros tão pequenos quanto possível ao sinal de entrada. A este respeito o amortecimento do sistema deve ser razoável. A dinâmica do sistema deve ser relativamente insensível a pequenas variações nos valores dos parâmetros. Os distúrbios indesejáveis podem ser bem atenuados.

11

CONTROLADOR PROPORCIONAL, INTEGRAL E DERIVATIVO ANALÓGICO

CAPÍTULO **3**

3.1. Introdução:

Os modelos matemáticos são essenciais para o controle de sistemas. Todas variáveis devem ser analisadas e relacionadas no modelo matemático.

Os sistemas dinâmicos são usualmente descritos por equações diferenciais. A idéia deste projeto é considerar um sistema linear para simplificar o método de solução através da transformada de Laplace, trabalhando no domínio da freqüência onde as operações são relativamente simples comparadas às operações matemáticas realizadas no domínio do tempo.

O autor utiliza alguns passos normalmente utilizados na abordagem de sistemas dinâmicos:

1- Definir os componentes e do processo a ser controlado.
2- Formular um modelo matemático.
3- Examinar os resultados teóricos e práticos.
4- Analisar o modelo novamente, se necessário.

3.1.1. Transformada de Laplace:

Laplace será a ferramenta que irá auxiliar o levantamento da função de transferência do sistema a ser controlado.

Para levantar a função de transferência do sistema, determina-se que é necessária a aplicação de um sinal de teste conhecido em sua entrada, como por exemplo, uma função degrau u(t) no domínio do tempo ou 1/s no domínio da freqüência.

Após obter a função de transferência pode-se determinar4 fatores importantes como o "valor final" do sistema, a relação de amortecimento, a freqüência natural e a estabilidade do sistema como será visto posteriormente.

3.1.2. Funções de Transferência:

No desenvolvimento do trabalho foi escolhido trabalhar no domínio da freqüência devido a sua simplicidade na manipulação das equações.

Pode-se definir a função de transferência como sendo, a variação da saída do sistema pela variação da entrada quando regido por equações diferencias. Esta função descreve o comportamento do sistema, ou seja, quando é aplicada uma entrada conhecida e realizado a medição da saída , tem-se condições de conhecer como o sinal de entrada foi modificado pelo sistema definindo –se assim um bloco referente a partes mecânicas, eletromecânicas, eletrônicas, etc.

A função de transferência relaciona grandezas de qualquer natureza (tensão, corrente, posição, etc.), como exemplo no controle de posição, pode-se relacionar uma posição de referência com uma posição de saída, ou uma tensão de referência com a posição de saída, sendo necessário considerar as particularidades de cada um dos elementos na modelagem.

Um exemplo simples é o levantamento da função de transferência de um potenciômetro.

$$\frac{Vo\,(s)}{VI\,(s)} = \frac{R\,2}{RT}$$

$$RT = R\,1 + R\,2$$

$$RT = \theta\max$$
$$R\,2 = \theta$$

$$\frac{R\,2}{RT} = \frac{\theta}{\theta\max}$$

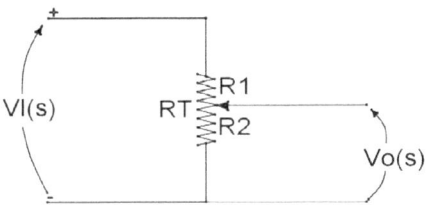
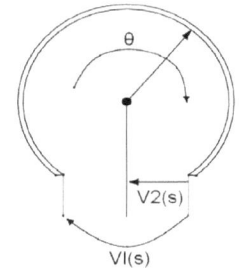

Figura 1: Desenho esquemático de um potenciômetro

3.1.3. Análise de Sistemas de 1º Ordem

Os sistemas que a função de transferência é constituída apenas por um pólo são classificados como sistemas de primeira ordem.

Como exemplo pode ser adotado um circuito RC, representado na figura 2.

Tudo deve começar pela função de transferência, para isto será considerado que as condições iniciais são nulas, ou seja, o sistema está totalmente descarregado.

$$\frac{Y\,(s)}{X\,(s)} = \frac{1}{RCs + 1}$$

Considerando que $RC = \tau$, temos:

$$\frac{Y\,(s)}{X\,(s)} = \frac{1}{\tau s + 1}$$

Sua resposta no tempo tem a forma:

$$y(t) = 1 - e^{-t/\tau}, t \geq 0$$

Através desta equação vemos que existe apenas um pólo localizado em

$$- 1 / \bar{R}c$$

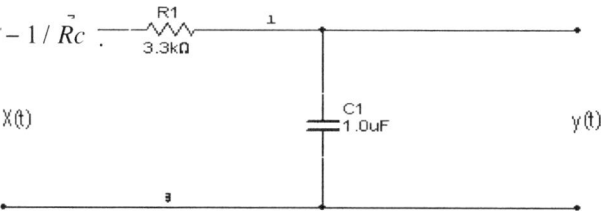

Figura 2: Circuito RC, representando um Sistema de 1° Ordem

Utilizando o MATLAB para simular a função de transferência adquirida anteriormente, podemos obter a resposta ao degrau unitário deste circuito e assim sabe-se que a saída alcançará o valor máximo em aproximadamente 17,4 ms após ter sido aplicado o degrau na entrada, podemos caracterizar esta resposta como uma resposta amortecida.

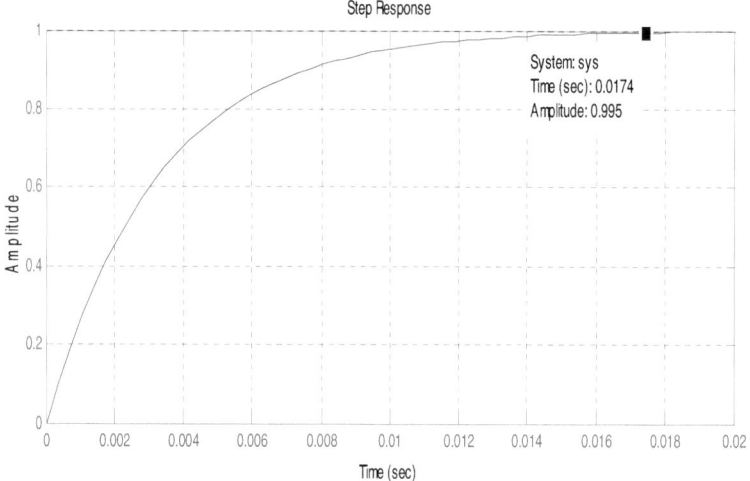

Figura 3: Sistema amortecido após resposta ao degrau

A simulação no MATLAB pode ser realizada através do modo "script" ou através do "Simulink".

A reprodução da simulação gráfica representada na figura acima pode ser realizada editando e executando o seguinte "script".

14

```
R=3300;
C=1e-6;
T=R*C;
num=[1];
den=[3.3e-3 1];
step(num,den);
grid on;
```

A simulação através do "Simulink" tem a vantagem de tornar o modelo mais visual, pois é realizada através da interligação de blocos como segue:

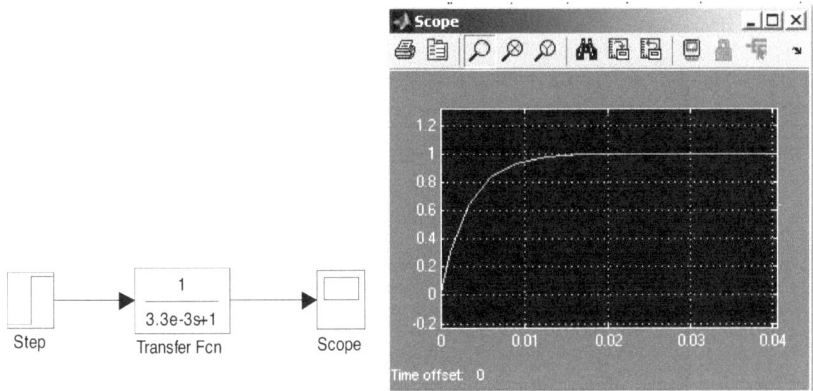

Figura 4: Simulação do amortecimento do Sistema, utilizando o simulink

3.1.4. Análise de Sistemas de 2° Ordem

A função de transferência de um sistema de segunda ordem é composta por dois pólos. Para este estudo adotaremos um sistema de segunda ordem padrão, descrito por:

$$F(s) = \frac{W_n{}^2}{S^2 + 2\xi W_n S + W_n{}^2}$$

Onde:

ξ - taxa de amortecimento
Wn – freqüência natural

15

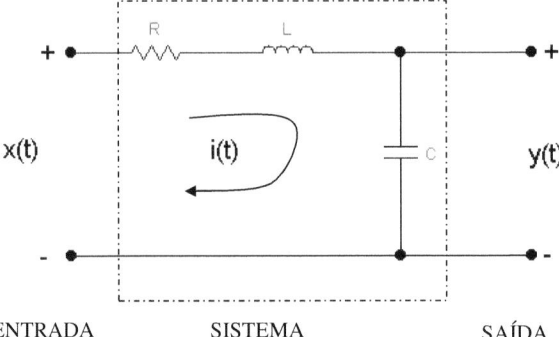

ENTRADA   SISTEMA   SAÍDA

Figura 5: Circuito RLC, representação de um Sistema de 2° Ordem

Utilizando o mesmo tratamento aplicado ao sistema de primeira ordem, o sistema de segunda ordem fornece a seguinte função de transferência:

$$\frac{Y(s)}{X(s)} = \frac{1}{LCs^2 + RCS + 1}$$

Este resultado pode ser comparado com a forma padrão, adotada para sistemas de segunda ordem.

Assim temos que:

$$W_n^2 = \frac{1}{LC}$$

$$2\xi W_n = \frac{R}{L} \Rightarrow \xi = \frac{R}{L}\sqrt{\frac{C}{L}}$$

Podemos adotar valores para visualizar melhor como o sistema se comportará quando aplicado um degrau unitário em sua entrada.

Para valores de R=1Ω, L=100mH e C=10mF, temos:

$W_n^2 = 1000$ rad/s   e $2\xi W_n = 10$;

Então substituindo na forma padrão temos:

$$F(s) = \frac{1000}{S^2 + 10S + 1000}$$

Assim utilizando uma ferramenta como o Matlab, é possível visualizar o resultado de forma simples e rápida.

16

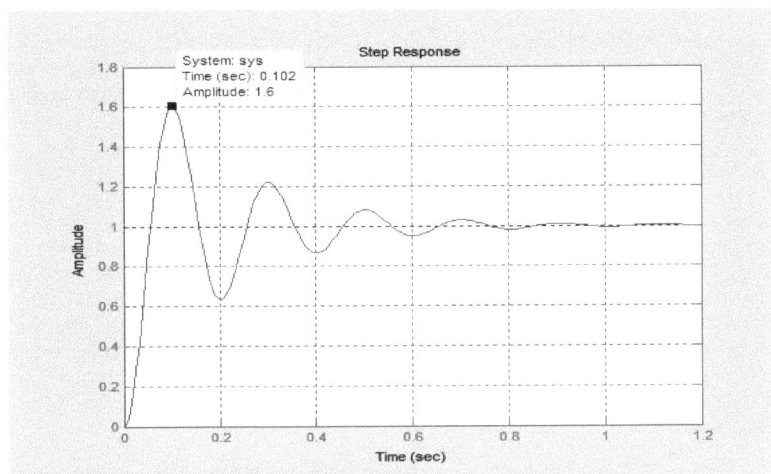

Figura 6: Simulação gráfica no Matlab de um Sistema de 2° Ordem

A reprodução da simulação gráfica representada na figura acima pode ser realizada editando e executando o seguinte "script".

```
R=1;
L=100e-3;
C=10e-3;
wn2=1/(L*C);
Ewn=R/L;
num=[wn2];
den=[1 Ewn wn2];
step(num,den);
grid on;
```
E finalmente utilizando o Simulink para simulação temos os seguintes resultados:

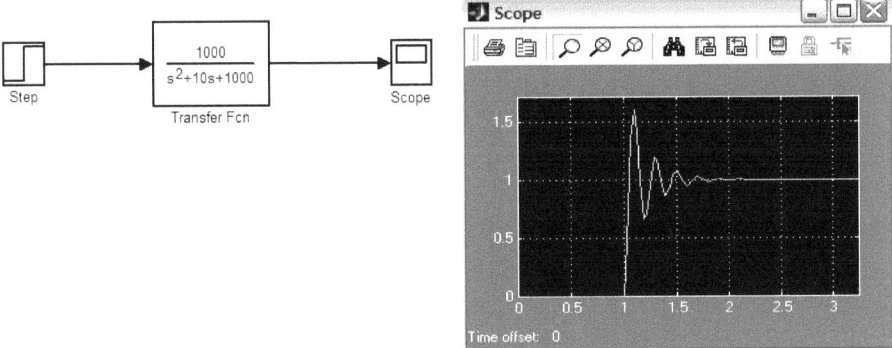

Figura 7: Simulação gráfica no Simulink de um Sistema de 2° Ordem

17

O bloco do controlador em um sistema de controle em malha fechada é responsável por monitorar a tensão de erro e comandar o estágio de saída. Neste bloco podemos ajustar a qualidade do sistema, fazendo com que resposta desejada seja alcançada o mais rápido possível e com o menor erro.

3.2. Análise do controlador Proporcional (P)
O controlador proporcional tem a função de amplificar a tensão de erro e acionar o estágio de saída.
Sua principal característica é aumentar a velocidade da resposta, pois mesmo que o sinal entregue ao controlador pela malha de realimentação seja pequeno, este sinal é amplificado de acordo com o ajuste do proporcional em questão e é enviado um sinal maior para a saída.
Porém quando o erro se torna inevitavelmente pequeno o controlador não consegue mais acionar sua saída, então ocorre o erro de regime permanente. Este erro poderá ser corrigido mais à frente com o controlador integral.
O controlador proporcional deve ser ajustado para obtermos um bom tempo de resposta, pequeno erro de regime permanente e de maneira que não sature.

Sua expressão é dada por:

$$vs(t) = ve(t).(-\frac{R2}{R1})$$

Para estes valores de R1 e R2 o ganho será de 10, ou seja, o sinal de saída será dez vezes maior do que o sinal de entrada.

onde:

vs(t) = Tensão de saída
ve(t) = tensão de entrada

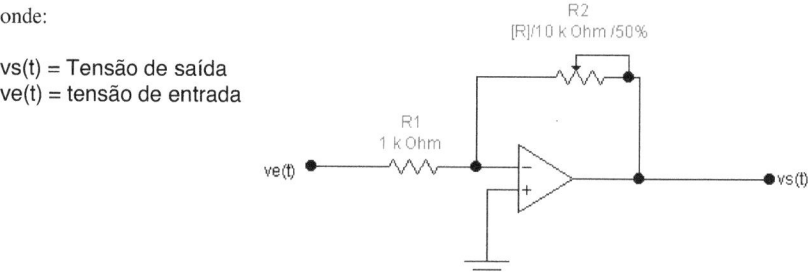

Figura 8: Esquema Elétrico do Controlador Proporcional

O diagrama em blocos a seguir ilustra um sistema com um controlador proporcional, utilizaremos este modelo como exemplo para demonstrar o funcionamento do controlador.

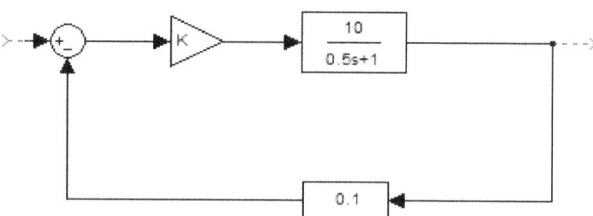

Figura 9: Diagrama de Blocos com Controlador Proporcional

O primeiro passo é calcular a função de transferência do sistema e determinar seus parâmetros de qualidade como tempo de subida (ts), tempo de acomodação (ta) e erro de regime permanente, como segue:

$$F(S) = \frac{\dfrac{10K}{0,5S+1}}{1+0,1.\dfrac{10K}{0,5S+1}} = \frac{\dfrac{10K}{0,5S+1}}{1+\dfrac{K}{0,5S+1}} = \frac{10K}{0,5S+1+K}$$

Dividindo os membros por 0,5:

$$F(S) = \frac{20K}{S+2+2K}$$

Temos apenas um pólo em : S1= - (2+2K)

O erro de regime do sistema adotando-se K=1 é dado por:

$$Ereg = \lim_{S \to 0} S \cdot E(S)$$

$$E(S) = \frac{1}{S} - \frac{1}{S} \cdot F(S) \cdot 0,1 = \frac{1}{S} - \frac{1}{S} \cdot \frac{2K}{S+2+2K} = \frac{1}{S} \cdot \frac{S+2}{S+2+2K}$$

$$Ereg = \lim_{S \to 0} S \cdot \frac{1}{S} \cdot \frac{S+2}{S+2+2K}$$

$$Ereg = \frac{2}{2+2K} = \frac{2}{4} = 50\%$$

Agora fica fácil verificar que o erro de regime permanente é inversamente proporcional ao ganho K, quanto maior o ganho menor será o erro de regime do sistema.

Assim pode-se conferir a resposta do sistema no gráfico abaixo, sendo que o sistema deveria alcançar um valor igual a 10, mas está com um erro de regime igual a 50%.

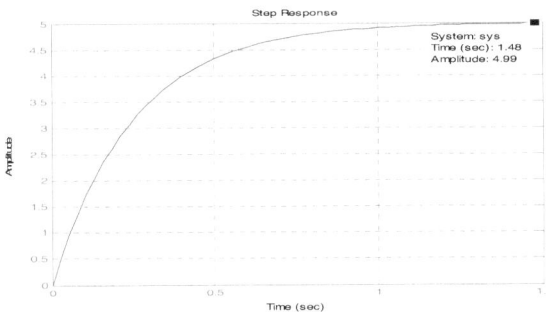

Figura 10: Gráfico do Controlador Proporcional aplicado ao Sistema

A seguir é possível comparar este resultado do controlador proporcional colocando um módulo integral na malha direta.

3.3.Análise do controlador Integral (I)

O Integrador tem a função de integrar o sinal de erro então mesmo que este sinal seja muito pequeno para acionar o estágio de saída, o integrador acumula o erro com o passar do tempo, de modo a atingir um nível suficiente para acionar o estágio de saída.

Normalmente é utilizado em conjunto com um controlador proporcional para aumentar a velocidade de operação da saída.

O par R1*C1 definem a constante de integração que para este caso será de 1ms.

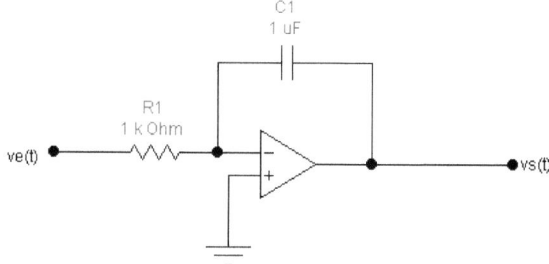

Figura 11: Esquema elétrico do Controlador Integral

A função de transferência é dada por:

$$F(S) = \frac{-1}{R1 \cdot C1 \cdot S}$$

A seguir temos a simulação sistema usado como exemplo no caso anterior onde tinha sido identificado um erro de 50%, agora foi acrescentado na malha direta o módulo integral. Pode-se verificar na resposta temporal que o erro foi reduzido praticamente à zero.

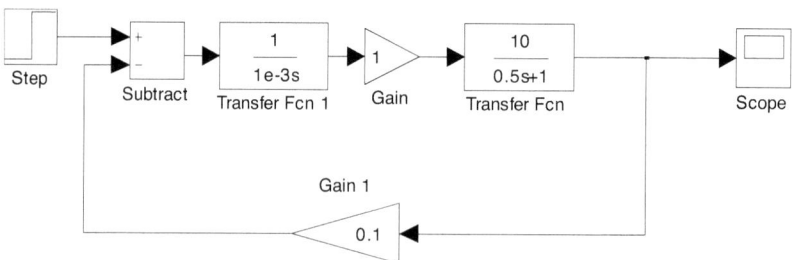

Figura 12: Diagrama de Blocos com Controlador Proporcional e Integral (PI)

20

Veja abaixo que agora o resultado tende ao valor 10, porém o sistema ganha vários sobre sinais e depois de um tempo estabiliza.

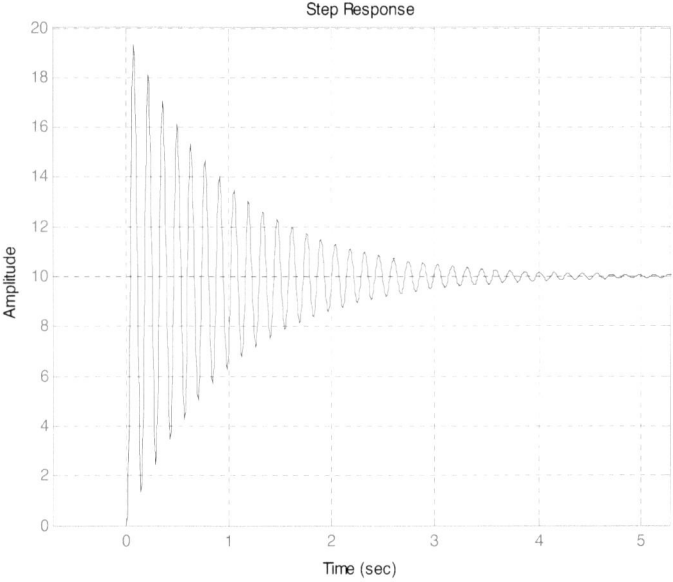

Figura 13: Resposta gráfica de um Controlador PI

3.4. Análise do controlador Derivativo (D)

O controlador Derivativo trabalha com a taxa de variação do sinal de erro por este motivo é sempre utilizado em conjunto com o controlador Proporcional e/ou Proporcional + Integral. Seu objetivo é produzir uma correção do erro antes que ele se torne grande demais, possibilita um ganho maior do módulo proporcional e aumenta a sensibilidade do sistema.

Resumindo, este módulo irá agir no sobre sinal deixando o sistema um pouco mais amortecido.

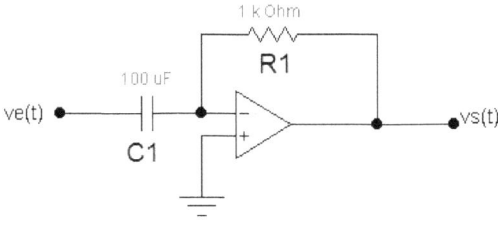

Figura 14: Diagrama de Blocos de um Controlador Derivativo

A função de transferência é dada por: $F(S) = -R1 \cdot C1 \cdot S$

Na simulação realizada a seguir com o Matlab, foi necessário efetuar os cálculos do módulo derivativo, pelo motivo de que o software não aceita um numerador com um grau superior ao denominador que é o caso da F(S) do módulo derivativo. Assim o bloco do processo a seguir já está englobado os módulos proporcional, derivativo e o H(S) utilizado nos exemplos anteriores como se segue.

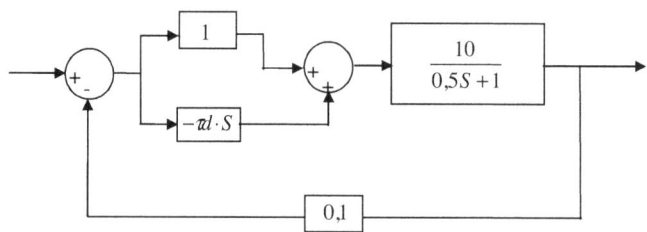

Figura 15: Diagrama de blocos de um Controlador Proporcional Derivativo (PD)

O que resulta em:

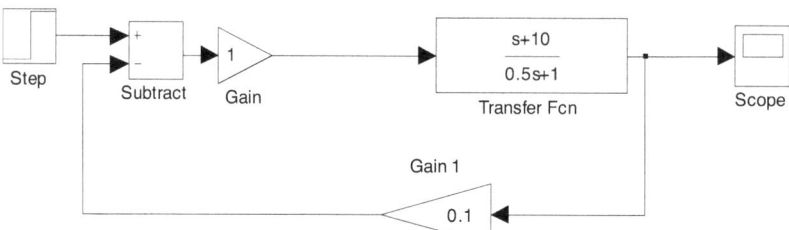

Figura 16: Diagrama de blocos do processo do Sistema

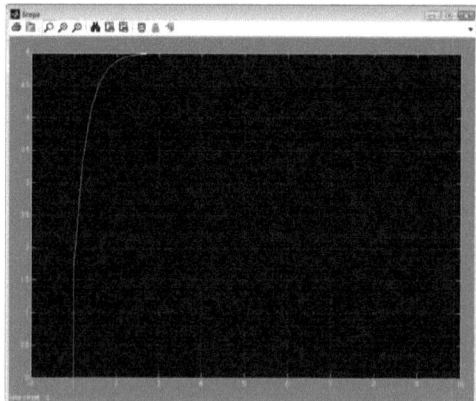

Figura 17: Resultado da simulação do Controlador PD com H(S) => [P+D.H(S)]

22

Na resposta acima não existe alteração perceptível para o ganho unitário trabalhando em conjunto com o derivativo. Porém para ganhos maiores, o módulo derivativo reduz o sobresinal e naturalmente a reposta se torna mais rápida. Assim como no exemplo abaixo do PID que anteriormente resultava em vários sobresinais quando utilizado sem o módulo derivativo, agora a saída tende rapidamente ao valor de regime sem que desprezemos os picos.

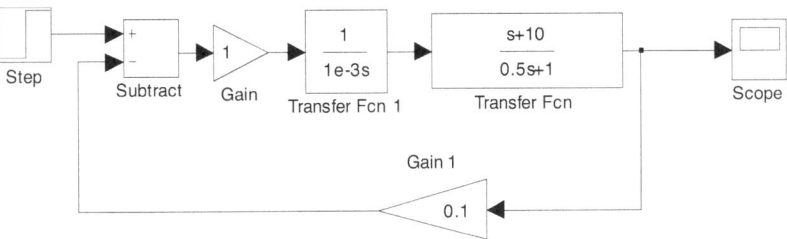

Figura 18: Diagrama de blocos de um Controlador PID

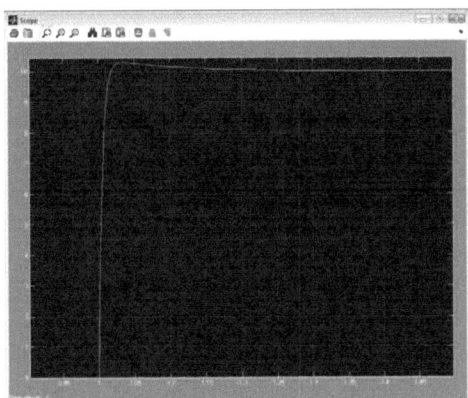

Figura 19: Resultado da simulação do Controlador PID

3.5. Sistema de controle em malha fechada

A vantagem de um sistema com retroação ou podemos chamar de sistema em malha fechada é a redução da variação do erro da saída em relação à variação dos parâmetros do sistema em questão, esta metodologia de controle consiste em empregar uma malha de retorno contendo a medição da variável de saída, este valor é comparado com o valor de referência alterando o valor final aplicado ao sistema conforme a variação da sua resposta sua resposta.

23

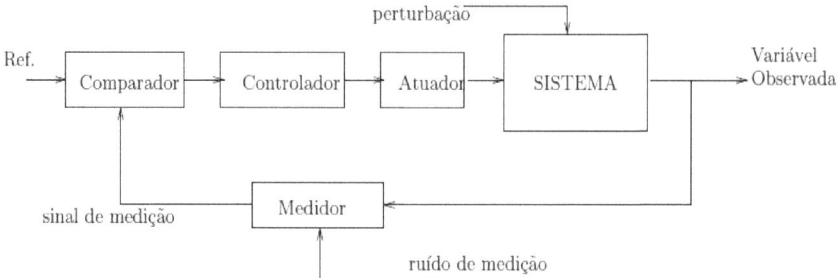

Figura 20: Diagrama de blocos de um Sistema em malha fechada

3.6. Sistema de controle em malha aberta

Um sistema em malha aberta desconhece os valores da saída do sistema, apenas é inserida uma entrada e espera-se que a saída alcance o valor desejado sem a possibilidade de efetuar qualquer melhora de desempenho por exemplo, alteração do tempo de resposta, correção do erro em regime permanente.

Apesar das vantagens do controle de sistemas com retroação deve-se estar ciente do custo que isto oferece. Normalmente temos que adicionar um sensor na saída para medição da mesma, este componente costuma ter seu valor elevado além do ruído que introduz no sistema. Outra desvantagem é a perda de ganho, um sistema em malha aberta tem um ganho de N(s) e um sistema com retroação é reduzido para $\dfrac{N(s)}{1 + N(s)}$ para realimentação unitária e negativa.

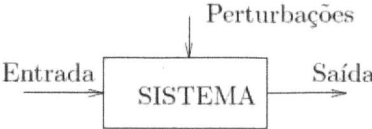

Figura 21: Diagrama de blocos de um Sistema em malha aberta

3.7. Análise de Resposta Transitória

3.7.1 Análise da Resposta Transitória para Sistemas de 2º Ordem

O estudo da resposta transitória é feito para um degrau como sinal de entrada, e a partir da função de transferência do sistema.

A função de transferência permite não só classificar os sistemas (de 2ª ordem) como caracterizá-lo no domínio do tempo pela resposta impulsiva (ou seja, um impulso como sinal de entrada). Portanto iniciaremos os nossos estudos pela apresentação da função de transferência, em seguida uma analise sumaria da resposta impulsiva e por ultimo a análise da resposta ao degrau.

24

A função de transferência de um sistema de 2° ordem é habitualmente escrita sob uma das formas:

$$F(s) = \frac{K}{S^2 + 2\alpha S + Wn^2}$$

ou

$$F(S) = \frac{Kg}{(S/Wn)^2 + 2\varepsilon(S/Wn) + 1}$$

Sendo:

Wn - freqüência de ressonância do sistema sem amortecimento (por definição Wn > 0).

α - coeficiente de amortecimento

$\varepsilon = \alpha / Wn$ - grau de amortecimento

K e Kg - constante de ganho (em particular Kg é denominado constante de ganho de freqüência zero).

Sendo,

$K = Wn^2 \, Kg$

Observação:

Caso a realimentação seja unitária as formas formais ficam:

$$F(s) = \frac{Wn^2}{S^2 + 2\alpha S + Wn^2} \qquad (1^a \text{ Forma Normal})$$

ou

$$F(S) = \frac{Wn^2}{S^2/Wn^2 + 2\varepsilon S/Wn + 1} \qquad (2^a \text{ Forma Normal})$$

A equação característica do sistema é:

$$s^2 + 2\alpha s + w_n^2 = 0$$

Pólos $- s_{1,2} = -\alpha \pm \sqrt{\alpha^2 - w_n^2}$

Ou

$$s_{1,2} = w_n\left(-\varepsilon \pm \sqrt{\varepsilon^2 - 1}\right)$$

Se $\alpha < 0$ o sistema é instável;

Se $\alpha > 0$, há três casos a considerar;

- sistema superamortecido, quando $\alpha^2 > w_n^2$ ou $\varepsilon > 1$;

- sistema com amortecimento crítico, quando $\alpha^2 = w_n^2$ ou $\varepsilon = 1$;

- sistema subamortecido, quando $\alpha^2 < w_n^2$ ou $0 < \varepsilon < 1$;

3.7.2. Análise da Resposta Transitória Impulsiva

Analisaremos aqui os três casos para sistema estável.

(a) – Sistema superamortecido $\alpha^2 > w_n^2$ ou $\varepsilon > 1$

Nesse caso podemos fazer $\alpha^2 - w_n^2 = \beta^2$ substituindo nas raízes $s_{1,2}$ temos:

$s_{1,2} = -\alpha \pm \sqrt{\alpha^2 - w_n^2}$

$s_{1,2} = -\alpha \pm \beta$

Como $0 < \beta < \alpha$, os pólos se situam no semi-eixo real negativo do plano S, vide Fig. 22

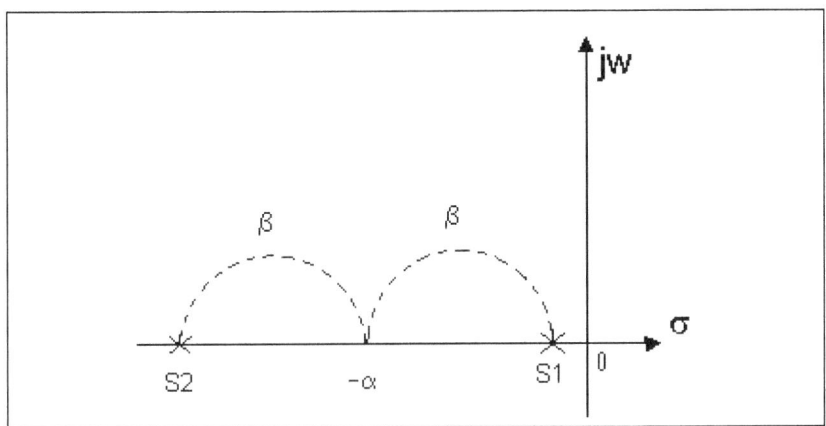

Figura 22 – Representação dos pólos no plano complexo

Nesse caso a função de transferência do sistema pode ser escrita

$$F(S) = \frac{K}{(S+(\alpha+\beta))+(S+(\alpha-\beta))} = \frac{K}{S^2 + S(\alpha-\beta) + S(\alpha+\beta) + (\alpha-\beta)(\alpha+\beta)}$$

$$= \frac{K}{S^2 + S\alpha - S\beta + S\alpha + S\beta + \alpha^2 + \alpha\beta - \alpha\beta - \beta^2} = \frac{K}{S^2 + 2S\alpha + \alpha^2 - \beta^2}$$

$$F(S) = \frac{K}{(S+\alpha)^2 - \beta^2}$$

A resposta ao impulso unitário (Fig. 23), sendo dada pela transformada inversa da função de transferência conforme diagrama da Fig. 24, resulta:

F (s)= Y (s)/ X (s)

Y (s) = F (s). X (s)

Se a transformada do impulso é igual à unidade, X (s) = 1
Então, F (s) = Y (s)

Portanto re-transformando temos:
y (t) = K/β e $^{-\alpha t}$ sen (β t)

27

ou seja:

$$y(t) = K/(2\beta)\,(e^{-(\alpha-\beta)\,t}\, e^{-(\alpha-\beta)\,t})$$

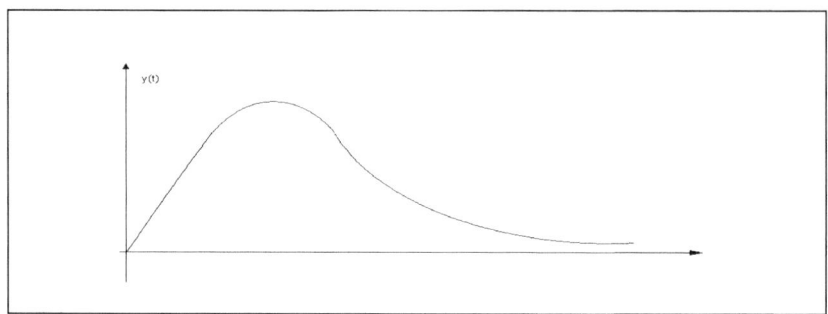

Figura 23 – Resposta ao impulso unitário p/ $\varepsilon > 1$

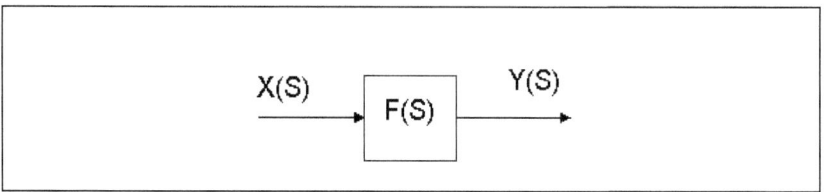

Figura 24 – Função de transferência F(S) de um sistema

(b) - Sistema com amortecimento crítico $\alpha^2 = w_n^2$ ou $\varepsilon = 1$

Nesse caso os pólos do sistema são iguais como representado na Fig. 25, isto é:

$$S_{1,2} = -\alpha$$

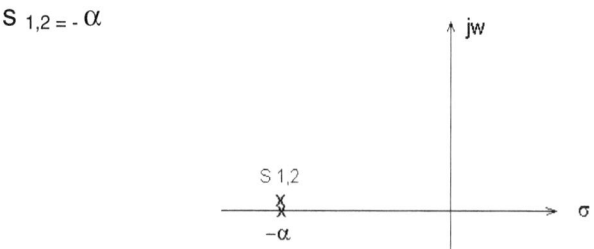

Figura 25 - Pólos $S_{1,2}$ apresentados no plano complexo

A função de transferência se torna,

$$F(S) = \frac{K}{(S+\alpha)(S+\alpha)} \quad = \quad F(S) = \frac{K}{(S+\alpha)^2}$$

e a resposta ao impulso unitário, conforme a Fig. 26 será,

$$y(t) = K t e^{-\alpha t}$$

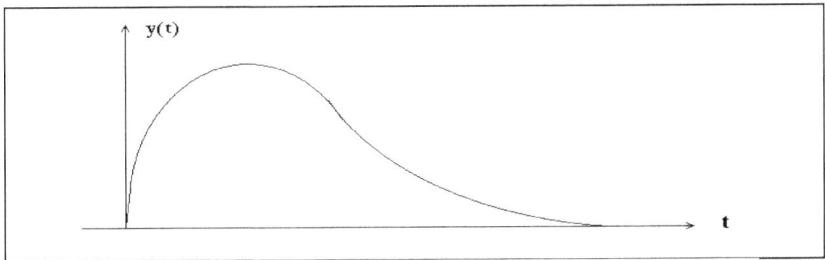

Figura 26 – Resposta ao impulso unitário p/ $\varepsilon = 1$

(c)- Sistema sub-amortecido $\alpha^2 < w_n^2$ ou $0 < \varepsilon < 1$

Nesse caso temos as seguintes raízes

$$s_{1,2} = -\alpha \pm \sqrt{\alpha^2 - w_n^2}$$

ou

$$s_{1,2} = -\alpha \pm j\sqrt{w_n^2 - \alpha^2}$$

onde

$$w_n^2 - \alpha^2 = w_d^2$$

Sendo Wd=freqüência de ressonância do sistema com amortecimento, as raízes ficam iguais a:

$$S1,2 = -\alpha \pm jwd$$

A função de transferência pode ser escrita sob a forma de:

29

$$F(S) = \frac{K}{(S + \alpha - Wd)(S + \alpha + JWd)} = \frac{K}{S^2 + 2\alpha S + \alpha^2 + Wd^2}$$

Os pólos complexos conjugados no plano S (vide Fig. 27) ficam:

$S1,2 = -\alpha \pm jwd$

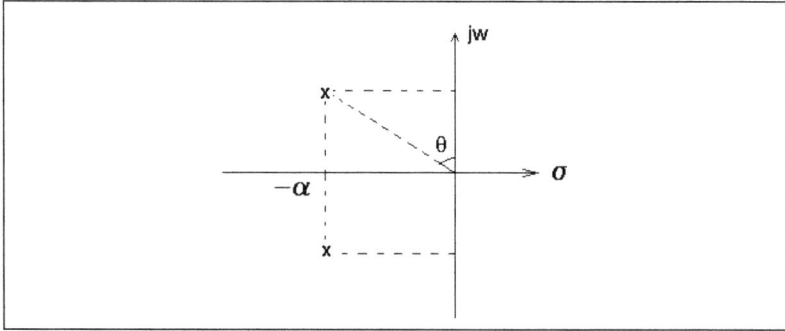

Figura 27 – Representação dos pólos p/ $0 < \varepsilon < 1$

Observe que sen $\theta = \alpha$ / Wd = ε

A resposta ao impulso unitário obtém–se facilmente retro-transformando a expressão em S:

F (s)= Y (s)/ X (s)

Y (s) = F (s). X (s)

Se a transformada do impulso é igual à unidade, X (s) = 1

Então, F (s) = Y (s)

$$y(t) = ke^{-\alpha t} \text{sen}(wdt)$$

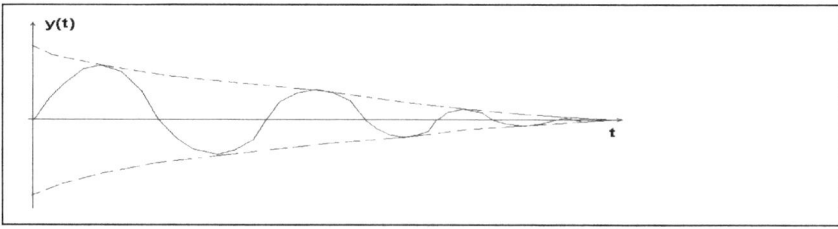

Fig. 28 – Resposta ao impulso unitário p/ $0 < \varepsilon < 1$

30

3.7.3. Análise da Resposta Transitória ao Degrau Unitário

A transformada de Laplace do degrau unitário é:

$$U(S) = 1/S$$

Consideramos separadamente os vários casos:

(a) – Sistema superamortecido $\alpha^2 > Wn^2$ ou $\varepsilon > 1$

$$Y(S) = F(S).1/S = \frac{K}{S(S^2 + 2\alpha S + Wn^2)}$$

Onde $\alpha^2 - Wn^2 = \beta^2 > 0$

Neste Caso os pólos são reais e distintos

$$S_{1,2} = -\alpha \pm \beta$$

Ou

$$S_{1,2} = -\varepsilon Wn \pm Wn\sqrt{\varepsilon - 1}$$

Faremos:

$$a = \alpha - \beta = -S_1$$

$$b = \alpha + \beta = -S_2$$

Logo, a equação pode ser escrita sob as formas:

$$Y(S) = \frac{K}{S((S+\alpha)^2 - \beta^2)}$$

Ou

$$Y(S) = \frac{K}{S(S+a)(S+b)}$$

A transformada inversa de Laplace permite determinar a resposta y(t), que pode ser escrita sob uma das formas:

$$y(t) = \frac{K}{Wn^2}\left[1 - \frac{\alpha+\beta}{2\beta}e^{-(\alpha-\beta)t} + \frac{\alpha-\beta}{2\beta}e^{-(\alpha+\beta)t}\right]$$

31

Ou, o que é o mesmo que,

$$y(t) = \frac{K}{ab}\left[1 - \frac{b}{b-a}e^{-at} + \frac{a}{b-a}e^{-bt}\right]$$

A Fig. 29 mostra a evolução de y(t) para o caso em que $K = ab = Wn^2$ e b>a. Notar que no instante inicial t=0, y(t)=y(0). E também que a influencia do pólo mais distante da origem é tanto menor quanto maior for à relação b/a >1. Quanto mais distante o pólo do eixo jw, mais rápida será a resposta (isto é menor a constante de tempo), e menor a amplitude inicial da parcela correspondente. Assim se tivermos b>>a, a parcela correspondente a S2 pode ser desprezada sem erro apreciável.

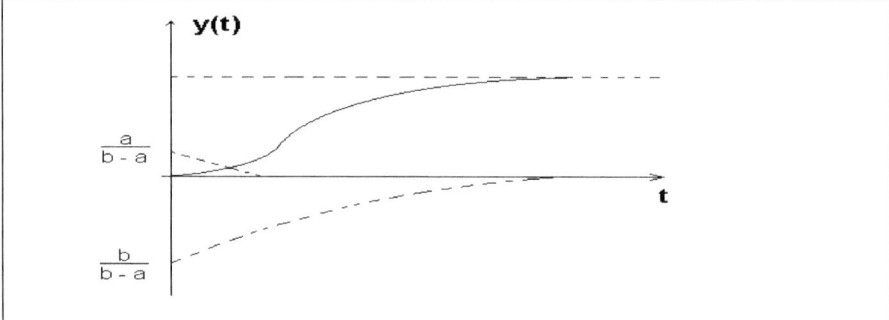

Figura 29 - Evolução de y(t) para o caso em que $K = ab = Wn^2$ e b>a

$$y(t) = \left[\frac{K}{ab}\left(1 - \frac{b}{b-a}e^{-at}\right)\right]$$

Em muitos casos é interessante termos esta equação em função de ε e Wn podemos reluzi-la substituindo as raízes $S_{1,2}$ em função de ε e Wn na equação 40

$$Y(S) = F(S).1/S = \frac{K}{S(S + \varepsilon Wn + Wn\sqrt{\varepsilon^2 - 1})(S + \varepsilon Wn - Wn\sqrt{\varepsilon^2 - 1})}$$

Transformada inversa fica,

$$y(t) = \frac{K}{Wn^2}\left[1 + \frac{Wn}{2\sqrt{\varepsilon^2 - 1}} \cdot \left(\frac{e^{-Wn\left(\varepsilon + \sqrt{\varepsilon^2 - 1}\right)t}}{Wn\left(\varepsilon + \sqrt{\varepsilon^2 - 1}\right)} - \frac{e^{-Wn\left(\varepsilon - \sqrt{\varepsilon^2 - 1}\right)t}}{Wn\left(\varepsilon - \sqrt{\varepsilon^2 - 1}\right)}\right)\right]$$

Como foi dito anteriormente a influencia do pólo que esta mais distante da origem pode ser desprezada, portanto a equação 49 pode ser escrita como:

$$y(t) = \frac{K}{Wn^2}\left(1 - e^{-\left(\varepsilon - \sqrt{\varepsilon^2 - 1}\right)Wnt}\right)$$

(b) – Sistema de amortecimento critico $\alpha^2 = Wn^2$ ou $\varepsilon = 1$

Nesse caso $\alpha^2 = Wn^2$, que resulta

$$Y(S) = \frac{K}{S(S + \alpha)^2}$$

A transformada inversa dessa expressão nos dá:

$$y(t) = \frac{K}{\alpha^2}\left(1 - e^{-\alpha t} - \alpha t e^{-\alpha t}\right)$$

Reescrevendo esta ultima equação em função de Wn, temos:

$$y(t) = \frac{K}{Wn^2}\left(1 - e^{-Wnt}\left(1 + Wnt\right)\right)$$

(c) – Sistema Subamortecido (vide Fig. 30) $\alpha^2 < Wn^2$ ou $0 < \varepsilon < 1$

Nesse caso:

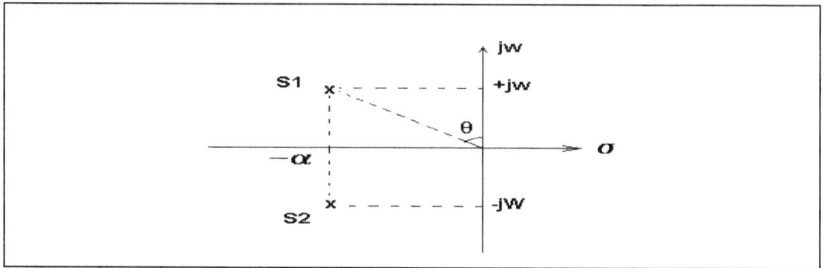

Fig. 30 – Representação dos pólos p/ um sistema sub amortecido

$$Y(S) = \frac{K}{S(S^2 + 2\alpha S + Wn^2)}$$

com $Wn^2 - \alpha^2 = Wd^2 > 0$

e

$$S_{1,2} = -\alpha \pm jWd$$

ou

$$S_{1,2} = -\varepsilon Wn \pm jWn\sqrt{1 - \varepsilon^2}$$

Podemos escrever

$$Y(S) = \frac{K}{S((S+\alpha)^2 + Wd^2)}$$

Onde resulta

$$y(t) = \frac{K}{Wn}\left(1 - \frac{Wn}{Wd}e^{-\alpha t}\cos(Wdt - \theta)\right)$$

Onde $\theta = \arctan(\alpha / Wd)$

Temos também $\varepsilon = \text{sen}\theta$

34

Mais uma vez é interessante termos a equação anterior em função de ε e Wn, podemos reduzi-la substituindo as raízes S 1,2, em função de ε e Wn na equação 59.

$$Y(S) = F(S).1/S = \frac{K}{S(S + \varepsilon Wn + jWn\sqrt{1 - \varepsilon^2})(S + \varepsilon Wn - jWn\sqrt{1 - \varepsilon^2})}$$

Procedendo a transformada inversa, obtem-se:

$$y(t) = \frac{K}{Wn^2}\left(1 - \frac{e^{-\varepsilon Wnt}}{1 - \varepsilon^2}\,\text{sen}\left(Wn\sqrt{1 - \varepsilon^2}\,t + \tan^{-1}\left(\sqrt{1 - \varepsilon^2}\,/\varepsilon\right)\right)\right)$$

Ou

$$y(t) = \frac{K}{Wn^2}\left(1 - e^{-\varepsilon Wnt}\left(\cos\left(Wn\sqrt{1 - \varepsilon^2}\,t\right) + \frac{\varepsilon}{1 - \varepsilon^2}\,\text{sen}\left(Wn\sqrt{1 - \varepsilon^2}\,t\right)\right)\right)$$

Se o grau de amortecimento for zero (ε = 0) a resposta não será amortecida (Wd=Wn) e as oscilações continuam indefinidamente.

3.8. Critério de Qualidade no Domínio do Tempo

A qualidade de um sistema com realimentação é geralmente aferida, no domínio do tempo, pelo andamento da resposta ao degrau de excitação e também pelo erro atuante final (ou estacionário) a determinados tipos de excitação. No primeiro caso temos informações sobre o comportamento dinâmico do sistema e no segundo caso sobre seu comportamento estático.

3.9. Especificações baseadas na resposta ao degrau

A excitação em degrau é normalmente utilizada para determinação do comportamento de um sistema com realimentação, por suas razões básicas. Em primeiro lugar a excitação em degrau tem a vantagem de ser facilmente realizável. Além disso, a resposta do sistema a esse tipo de excitação permite teoricamente determinar sua função de transferência e em conseqüência, permite calcular a resposta a qualquer outro tipo de excitação.

Nos casos mais comuns a resposta do sistema (com realimentação unitária) a um degrau unitário de excitação, tem o andamento indicado na Fig. 31.

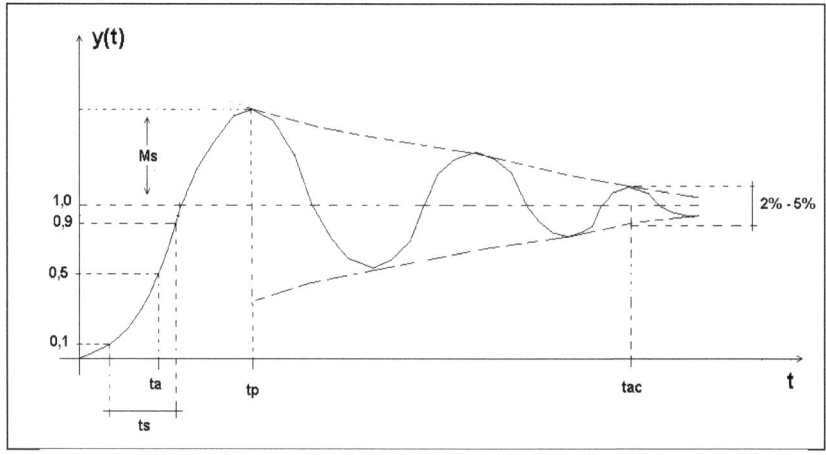

Fig. 31 - Resposta do sistema ao degrau unitário

ta – tempo de atraso (delay time)
ts – tempo de subida (rise time)
tp – tempo de pico
Ms – máximo sobresinal (overshoot)
tac – tempo de acomodação (settling time)

Os índices de desempenho do sistema, nesse caso, são os seguintes:
ta – tempo de atraso é o tempo que a resposta leva para alcançar pela primeira vez a metade do valor final.
ts – tempo de subida (rise time) é o tempo necessário par a resposta variar de 10% a 90% (ou 5% a 95%) de seu valor final.
tp – tempo de pico é o tempo requerido pela resposta para alcançar o primeiro pico de sobresinal.
Ms – sobresinal é o valor do pico máximo da curva de resposta, medido desde a unidade. Se o valor final estabilizado for diferente da unidade, é comum utilizar o máximo sobresinal porcentual.

$$Ms\% = \frac{y(t) - y(\infty)}{y(\infty)} 100\%$$

O valor de $M_s\%$ indica a estabilidade relativa do sistema.
t_{ac} - tempo de acomodação é o tempo necessário para a curva de resposta alcançar e manter-se dentro de determinados limites específicos (habitualmente 5% a 2% do valor final).

Exceto em certas aplicações em que não se podem tolerar oscilações, é desejável que a resposta transitória seja suficientemente rápida e amortecida.

36

Assim, para uma resposta transitória satisfatória de um sistema de $2°$ ordem, o grau de amortecimento deve estar entre 0,4 e 0,8. Valores menores que 0,4 provocam em excessivo sobre sinal e valores maiores que 0,8 fazem com que o sistema seja muito lento.

A seguir damos as expressões de ta, ts, Ms, tp e tac, em função de Wn e ε (0<ε<1), para o caso de sistemas de $2°$ ordem (com pólos complexos e desprovidos de zeros). Essas expressões podem ser facilmente deduzidas. Algumas são exatas e outras aproximadas, onde se retém apenas o termo dominante de um desenvolvimento em série.

3.9.1. Tempo de atraso (ta)

$$Wnta = 1 + 0,6\varepsilon + 0,15\varepsilon^2$$

$$ta = \frac{1 + 0,6\varepsilon + 0,15\varepsilon^2}{Wn}$$

Às vezes usa-se uma expressão mais simples:

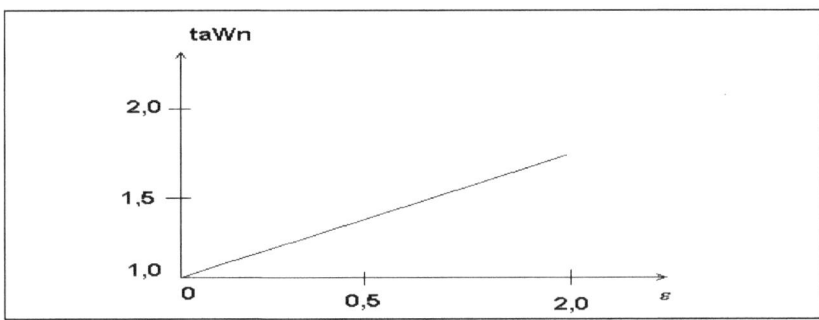

Fig. 32 – Representação simplificada do tempo de atraso

3.9.2. Tempo de súbita (ts)

$$Wnts = 1 + 1,1\varepsilon + 1,4\varepsilon^2$$

$$0 < \varepsilon < 1$$

$$ts \cong \frac{1 + 1,1\varepsilon + 1,4\varepsilon^2}{Wn}$$

3.9.3. Sobre sinal (em porcentagem) (Ms%)

É representada na Fig. 33 a curva de Ms% em função do grau de amortecimento (ε) tirado da seguinte equação:

$$Ms\% = 100e^{-\pi\varepsilon/\sqrt{1-\varepsilon^2}}$$

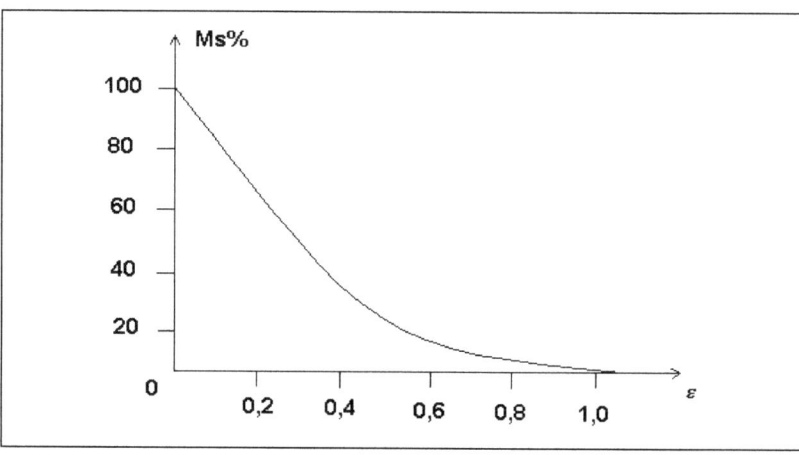

Fig. 33 - Ms% em função do grau de amortecimento (ε)

3.9.4. Tempo de pico (tp)

$$tp = \frac{\pi}{Wn\sqrt{1-\varepsilon^2}}$$

ou

$$tp = \frac{\pi}{Wd}$$

3.9.5. Tempo de acomodação (tac)

A expressão de tac baseada diretamente na definição de tempo de acomodação é difícil de ser obtida, como representado na Fig. 34. Entretanto é possível obter-se uma fórmula aproximada baseada nas exponenciais envoltórias da resposta transitória do sistema, conforme indica a Fig. 34 abaixo.

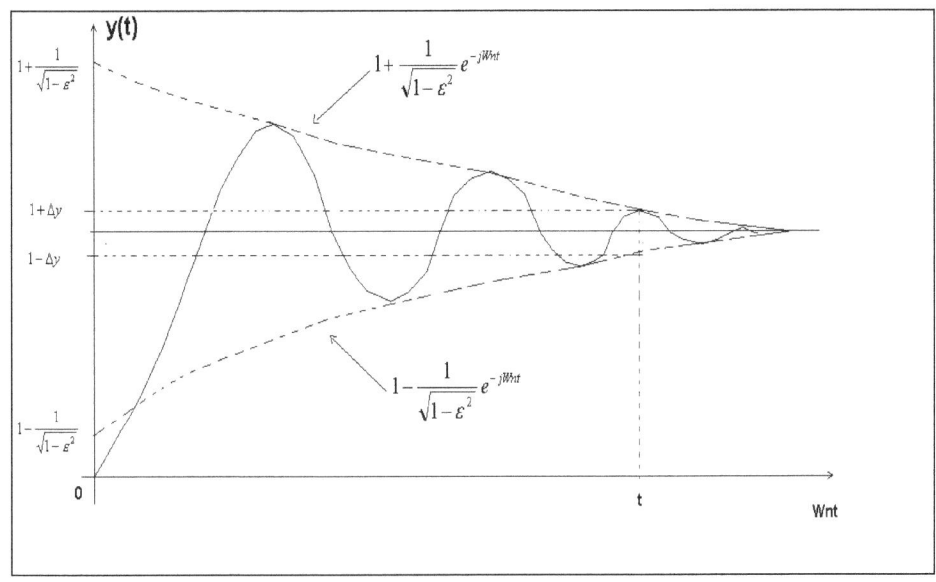

Fig. 34 – Tempo de acomodação

A expressão de tac que se obtém nesse caso, para sistema subamortecidos $(0 < \varepsilon < 1)$, é;

$$tac = -\frac{1}{\varepsilon Wn}\ln\left[\Delta y \ln\sqrt{1-\varepsilon^2}\right]$$

3.10. Sistemas de ordem superior à segunda

São sistemas que possuem três ou mais pólos. Na Fig. 35, por exemplo, vemos a representação no plano s, de um sistema 5° ordem.

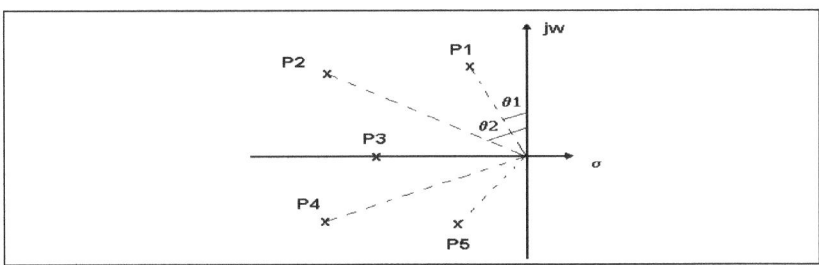

Fig. 35 – Representação dos pólos p/ sistema 5° ordem

A resposta desses sistemas a um degrau de excitação fica, em muitos casos, praticamente definida pelos chamados pólos dominantes do sistema. Estes são constituídos pelo par de pólos complexos conjugados aos quais corresponde o menor grau de amortecimento ($\mathcal{E}$ = cos θ). No caso da Fig. 35 acima, por exemplo, os pólos dominantes são P1 e P2, aos quais corresponde $\mathcal{E}1$ = cos θ1 que evidentemente é menor que $\mathcal{E}3$ = cos θ3 .

Nesses casos o comportamento do sistema é muito parecido com o de um sistema de 2º ordem cujos pólos coincidem com o par de pólos dominantes do sistema dado.

3.11. Erros

3.11.1. Erro de Estado Estacionário

Classificação dos sistemas de controle

Classificam-se os sistemas de controle de acordo com o número de integrações, em <u>malha aberta</u>, que o sistema possui, ou seja:

$$G(S)H(S) = \frac{Kg(S/a'+1)(S/b'+1)......}{S^n(S/a+1)(S/b+1)......} = \frac{KgP(S)}{S^nQ(S)}$$

S^n - n interações

Um sistema é denominado tipo 0 (zero), tipo 1, tipo 2, ..., se n = 0, n = 1, n=2,..., Respectivamente. Veremos que aumentando o número do sistema, diminuem-se os erros estáticos, porém a estabilidade relativa do sistema piora. Faz-se, pois necessário, um compromisso entre o erro estacionário e a estabilidade relativa. Na prática é difícil encontrarmos sistemas de tipo superior a 2.

Na Fig. 36 temos o diagrama de blocos de um sistema de controle com realimentação negativa.

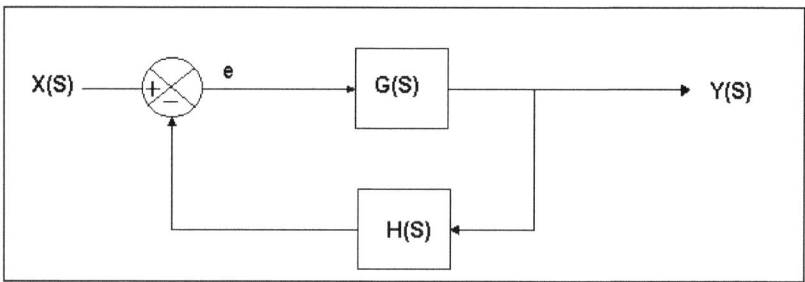

Fig. 36 - Sistema de controle com realimentação negativa

O sinal de entrada é u(t) e a resposta y(t). O erro atuante, por definição é e(t), cuja transformada de Laplace fica:

$$\mathcal{L}\{e(t)\} = E(S) = U(S) - Y(S).H(S)$$

Portanto:

$$E(S) = U(S).1 - \frac{G(S)H(S)}{1+G(S)H(S)} = \frac{1}{1+G(S)H(S)}U(S)$$

O erro atuante final (erro estacionário ou erro estático) é:

$$e_{st} = \frac{\lim}{t \to \infty} e(t)$$

O teorema do valor final $\left(\frac{\lim}{t \to \infty} f(t) = \frac{\lim}{S \to 0} sF(S) \right)$ nos fornece um caminho adequado para achar o comportamento estacionário de um sistema estável. O erro atuante estacionário fica:

$$e_{st} = \frac{\lim}{t \to \infty} e(t) = \frac{\lim}{S \to 0} SE(S)$$

Embora a saída de um sistema possa ser uma posição, velocidade, temperatura, pressão, etc, a forma física dessa saída não importa para as definições dadas a seguir. Assim um sistema de controle de temperatura a "posição" representa a temperatura de saída, "velocidade" representa o regime de variação da temperatura, etc.

3.11.2. Erro de Posição ($e_{st,p}$)

É o erro atuante estático do sistema para um degrau como sinal de entrada.

$$e_{st,p} = \frac{\lim}{s \to 0} \frac{S}{1+G(S)H(S)} 1/S = \frac{1}{1+G(S)H(S)}$$

Para um sistema,

Tipo 0 → $e_{st,p} = 1/(1 + Kg)$

Tipo 1 → $e_{st,p} = 0$

Tipo 2 → $e_{st,p} = 0$

3.11.3. Erro de Velocidade ($e_{st,v}$)

É o erro atuante estático do sistema para uma rampa unitária como sinal de entrada.

$$e_{st,v} = \frac{\lim}{s \to 0} \frac{S}{1+G(S)H(S)} \frac{1}{S^2} = \frac{\lim}{s \to 0} \frac{1}{sG(S)H(S)}$$

Para um sistema,

Tipo 0 → $e_{st,v} = \infty$

Tipo 1 → $e_{st,v} = 1/KG$

Tipo 2 ou maior → $e_{st,v} = 0$

3.11.4. Erro de Aceleração ($e_{st,a}$)

É o erro atuante estático do sistema para um sinal parabólico unitário como sinal de entrada definido por:

$$u(t) = t^2/2 \quad , t\, 0 \qquad U(S) = 1/S^3$$

portanto,

$$e_{st,a} = \frac{\lim}{s \to 0} \frac{S}{1+G(S)H(S)} \frac{1}{S^3} = \frac{\lim}{S \to 0} \frac{1}{S^2 G(S)H(S)}$$

Para um sistema,

Tipo 0 → $e_{st,a} = \infty$

Tipo 1 → $e_{st,a} = \infty$

Tipo 2 → $e_{st,a} = 1/Kg$

Tipo 3 ou maior → $e_{st,a} = 0$

Tabela 1: Resumo dos diversos casos

	Entrada Degrau U(t) =1	Entrada rampa U(t) = t	Entrada Aceleração u(t) $= t^2/2$
Tipo 0	1/(1+Kg)	∞	∞
Tipo 1	0	1/Kg	∞
Tipo 2	0	0	1/Kg

A modelagem matemática de um sistema dinâmico é definida como um conjunto de equações que representam a dinâmica do sistema com precisão ou, pelo menos, de forma bastante aceitável. Observa-se que um modelo matemático não é único para um dado sistema. Um sistema pode ser representado de muitas maneiras diferentes e, portanto, pode haver muitos modelos matemáticos, dependendo da perspectiva que se considere.

A dinâmica de muitos sistemas, sejam eles mecânicos, elétricos, térmicos, econômicos, biológicos etc., pode ser descrita em termos diferencias. Tais equações diferencias podem ser obtidas utilizando-se as leis físicas que governam um sistema particular, como por exemplo as leis de Newton dos sistemas mecânicos e as leis de Kirchhoff dos sistemas elétricos. Deve-se ter sempre em mente que a obtenção de um modelo matemático é a parte mais importante de toda análise.

3.12. Modelagem Matemática do Servomecanismo

A função de transferência é a razão da variável de saída pela variável de entrada quando regida por equações diferenciais, ou seja, é uma função que define o comportamento do sistema ou um determinado bloco do sistema, de maneira que, sabendo-se a entrada aplicada, conseguimos calcular o valor da saída.

A função de transferência relaciona qualquer entrada com qualquer saída, ou seja, a natureza dos sinais a serem relacionados (tensão, corrente, posição, velocidade, temperatura) não é relevante.

Sistema a ser controlado:
O servomecanismo a ser controlado consiste em um motor DC de imã permanente, três conjuntos de engrenagens redutoras, um transdutor de posição (potenciômetro) conectado na saída do sistema e um transferidor para visualização do deslocamento da saída em graus, este servomecanismo pode ser visto na Fig. 37 e um tacogerador que pode ser utilizado como transdutor de velocidade.

Diagrama do servomecanismo:

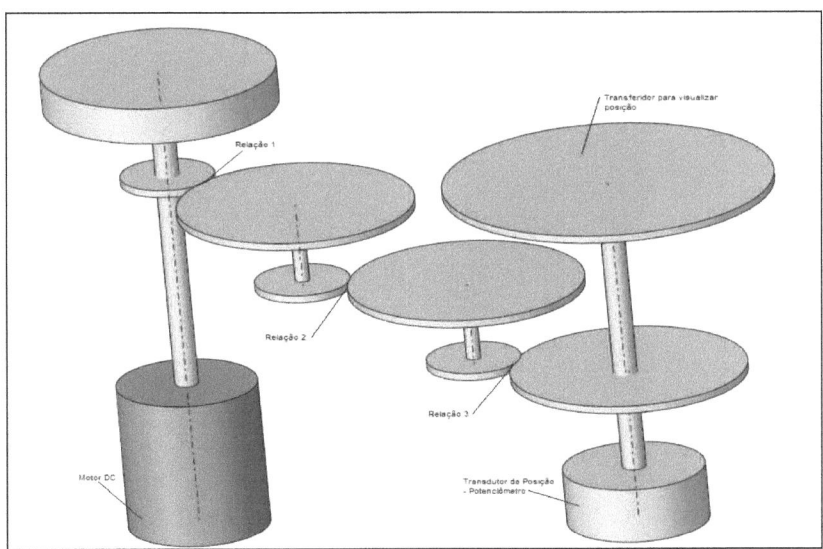

Figura 37 - Servomecanismo

3.13. Cálculo do Módulo Proporcional

O controlador proporcional é definido por um amplificador que tem a função de elevar o valor da tensão.

Este sistema é caracterizado por uma rápida velocidade de resposta, pois um pequeno valor de tensão de erro é amplificado, gerando um comando de valor elevado aos estágios seguintes.

Como característica negativa deste tipo de controlador podemos mencionar a existência de um erro de regime, que em certas situações pode ser elevado. Isto ocorre porque, sendo o controlador apenas um amplificador, faz-se necessária a tensão de erro mínima que é responsável pelo acionamento dos estágios seguintes, caso não haja erro suficiente, não haverá tensão mínima para acionar os estágios seguintes, mesmo que o "valor do processo" (retorno da variável de saída) ainda esteja diferente do valor de "Set Point" desejado (valor de referência ajustado pelo usuário).

A existência de um erro de regime afeta significativamente a confiabilidade do sistema.

Este circuito foi desenvolvido com o intuito de operar como um módulo somador / subtrator com ganho (proporcional) ou somente como um módulo proporcional.
No módulo proporcional foi utilizado um amplificador operacional 741 na configuração amplificador inversor.
Com o objetivo de tornar o circuito com o maior número de aplicações possíveis, para fins didáticos, os autores optaram em tornar o ganho do sistema ajustável para permitir uma fácil manipulação dos parâmetros e fácil visualização dos seus efeitos na resposta do sistema.
Então para o módulo proporcional com amplificador operacional na configuração inversora temos:

$$A = -\frac{Vo}{Vi}$$

Onde:

A = ganho do sistema proporcional
Vo = Tensão de saída
Vi = tensão de entrada

$$A = -\frac{Rf}{R}$$

Foi adotado R1 = 10KΩ então para um ganho máximo de 32 tem-se que Rf = 320K Ω. Com o intuito de facilitar o ajuste para pequenos ganhos, foi utilizado dois potenciômetros em série.

Logo o módulo proporcional fica:

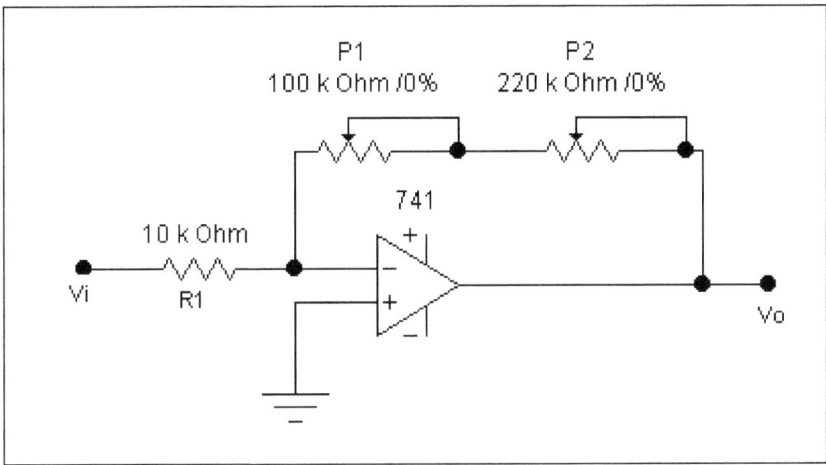

Figura 38 – Esquema elétrico do módulo proporcional

$Ganho_{Max} = -320K / 10K = -32$

3.14. Cálculo do Módulo Integral

A função do módulo integral é garantir um erro de regime permanente aproximadamente nulo.
Para o modulo integral foi utilizado um amplificador operacional 741 na configuração de integrador.

Como o objetivo do modulo é ter aplicações didáticas, os autores optaram por realizar um integrador com uma constante de tempo RC alta para que o efeito da ação deste módulo seja lenta e perceptível pelo estudante, para isso foi adotado um capacitor fixo de 2µF e um resistor de 470KΩ, conforme Fig. 39 onde temos :

$$Vo = -\frac{1}{RC}\int Vidt$$

O resistor pode ser substituído por um potenciômetro, assim o estudante pode variar a constante de tempo RC.

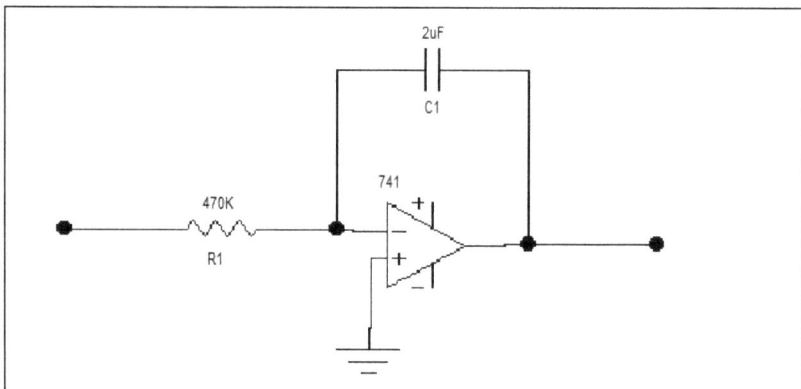

Figura 39 - Esquema elétrico do módulo integral

A contante de tempo do módulo integral pode ser calculada através da seguinte espressão:

$\tau i = R*C = 470K * 2u = 0.94$

Logo a função de transferência deste módulo será dada por:

$$I(S) = -\frac{1}{\tau i \cdot S}$$

3.15. Cálculo do Módulo Somador

O módulo somador foi desenvolvido para realizar a soma dos efeitos de cada módulo P+I+D (Proporcional, Integral e Derivativo).

Para essa função foi utilizado um amplificador operacional 741 na configuração de somador inversor com ganho unitário conforme Fig. 40.

Onde temos:

$$Vo = -\left(\frac{RF}{R1}\right)V1 - \left(\frac{RF}{R2}\right)V2 - \left(\frac{RF}{R3}\right)V3$$

$$Vo = -RF\left(\frac{V1}{R1} + \frac{V2}{R2} + \frac{V3}{R3}\right)$$

46

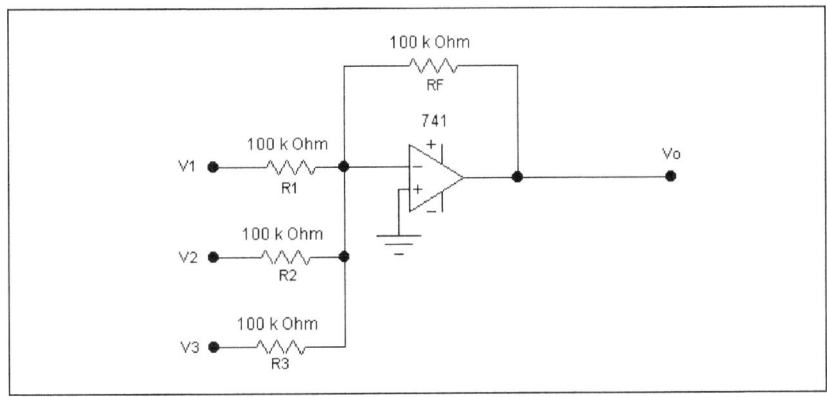

Figura 40 - Esquema elétrico do módulo somador

Vo = -(V1 + V2 + V3)

3.16. Cálculo do Módulo Subtrator

O módulo subtrator tem a função de subtrair a tensão referente à posição atual da tensão de referência (posição desejada), operação que resultará na tensão de erro do sistema.

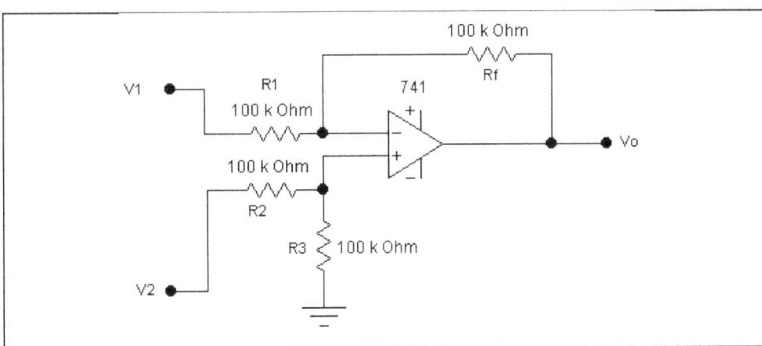

Figura 41 - Esquema elétrico do módulo subtrator

$$Vo = -Rf\left(\frac{V1}{R1} - \frac{V2}{R2}\right)$$

3.17. Cálculo do Módulo Derivativo

O módulo derivativo irá permitir a possibilidade de utilizar ganhos maiores no módulo proporcional e reduzir os sobresinais introduzidos pelo mesmo.

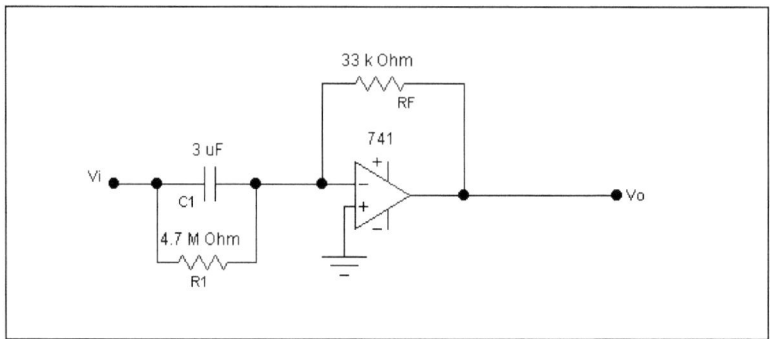

Figura 42 - Esquema elétrico do módulo derivativo

A constante de tempo do módulo derivativo pode ser calculada através da seguinte expressão:

$\tau d = R*C = 33K * 3u = 0.099$ s

Logo a função de transferência deste módulo será dada por:

$$D(S) = -\tau d \cdot S$$

48

CONTROLADOR PROPORCIONAL, INTEGRAL E DERIVATIVO DIGITAL

CAPÍTULO 4

4.1. Hardware

Para compormos este capítulo, utilizaremos uma placa de aquisição de dados, visto que faremos a mesma aplicação que foi executada no capítulo anterior, só que agora trabalharemos com o PID com sinais digitais. Utilizaremos a placa K8055 da empresa Velleman, devido ao seu baixo custo e compatibilidade com a aplicação desejada, visto que a mesma se utiliza do PIC 16C745 que se comunica com o PC via USB.

Figura 43 – Arquitetura da placa de interface experimental (K8055/Velleman)

As entradas e saídas analógicas da placa de aquisição K8055 podem variar de 0 a 5V, respeitando a compatibilidade da alimentação USB do PC. A resolução dos sinais digitais varia de 0 a 255 bits de informação, ou seja, aproximadamente 20mV por step . A figura 44 mostra o componente da biblioteca que é responsável pela comunicação hardware/software.

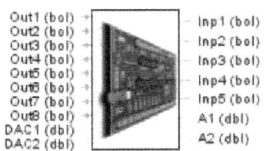

Figura 44 – Interface K8055 (comunicação hardware/software)

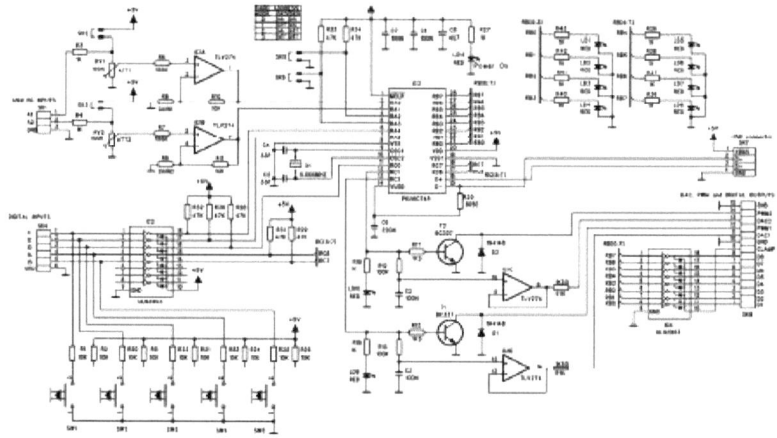

Figura 45 – Esquema Elétrico placa de interface experimental (K8055/Velleman)

4.2. Software

O software que utilizaremos para comunicação com a placa de aquisição K8055 do fabricante Velleman é o MyOpenLab, que foi desenvolvido no ambiente (IDE) NetBeans, o mesmo possui protocolo aberto para desenvolvedores de software nas linguagens Java, C, C++, PHP, Groovy, Ruby, entre outras.

Figura 46 – Software MyOpenLab (criado com NetBeans)

Neste caso, utilizaremos o MyOpenLab que possui seus componentes de sua biblioteca todos previamente programados em Java, com protocolo aberto, sendo possível a reprogramação para customizar os algoritmos do projeto desenvolvido.

Os projetos realizados com o MyOpenLab recebem nomes com extensões VM (Visual Modeling), ou seja, uma modelagem visual. Nessa área temos a árvore de blocos e pastas de aplicações de modelagem visual (VM).

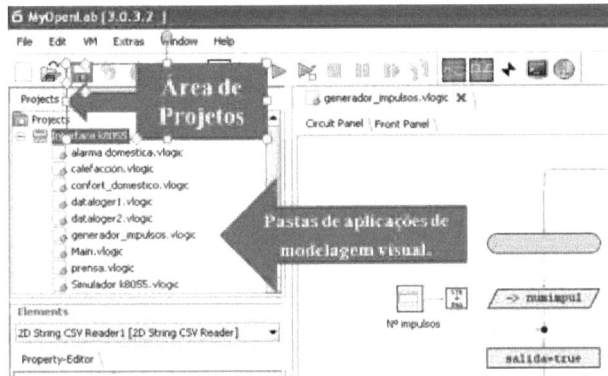

Figura 47 – Criação de um novo projeto no MyOpenLab

Toda a aplicação constará de duas partes distintas:
– Circuito (Painel de Circuito)
– Painel de Visualização (Painel Frontal).

O conjunto de funções e operações que convenientemente conectadas, respondem a uma funcionalidade relacionada com um circuito eletrônico ou um sistema. Este conjunto de funções editado no respectivo painel, aparecerá na janela etiquetada como "Painel de Circuito".

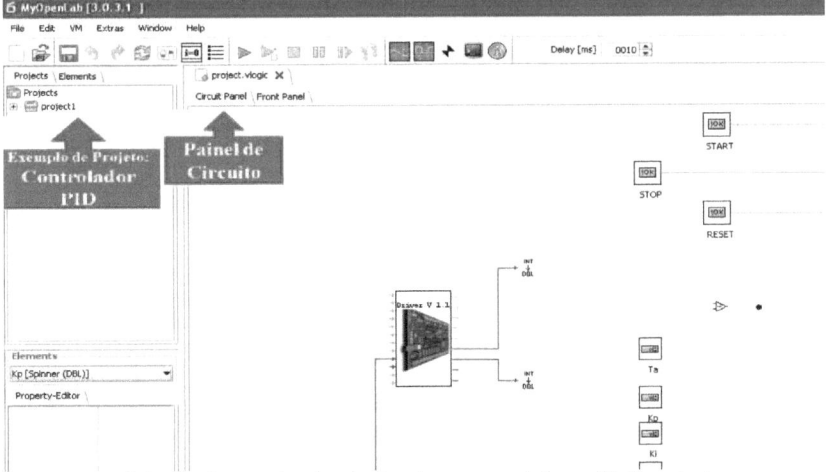

Figura 48 – Criação de um circuito dentro do novo projeto no MyOpenLab

A janela etiquetada como "Painel Frontal" situa os objetos de visualização gráfica, que associados as variáveis do circuito permite a visualização da evolução da simulação.

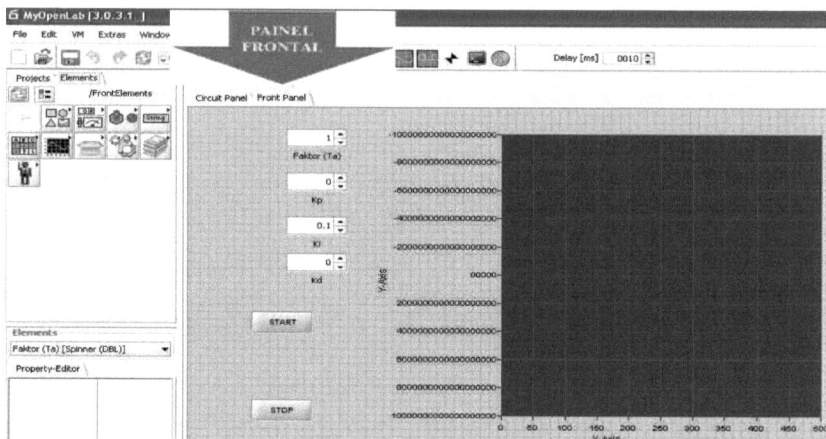

Figura 49 – Criação de um painel frontal no MyOpenLab

Os componentes que irão compor os circuitos são retirados de uma biblioteca do MyOpenLab.

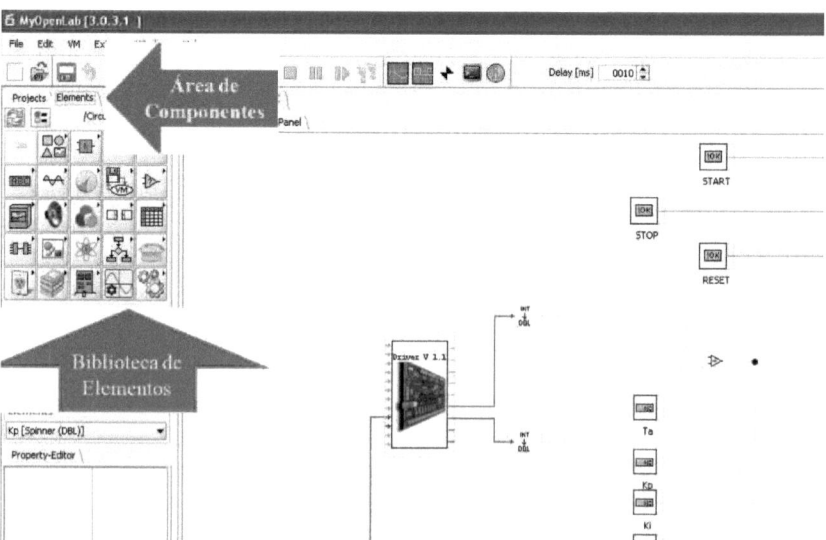

Figura 50 – Biblioteca dos ícones que contém os elementos para compor um circuito

Caso algum componente do circuito necessite de configuração, o mesmo deve ser realizado no ambiente apropriado, conforme figura 50.

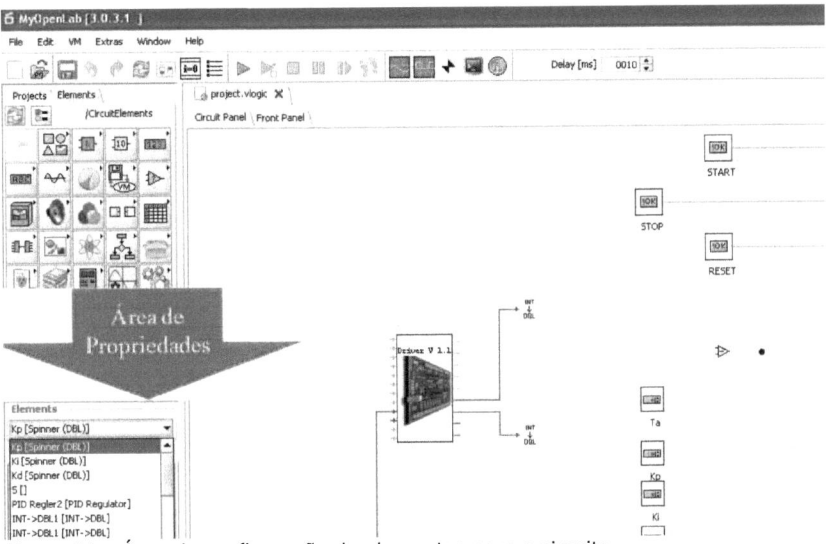

Figura 51 – Área de configuração de elementos para o circuito

Utilizando a ferramenta MyOpenLab, elaboramos uma topologia que substituirá os amplificadores operacionais pela placa de aquisição K8055 que possui o PIC 16C745.

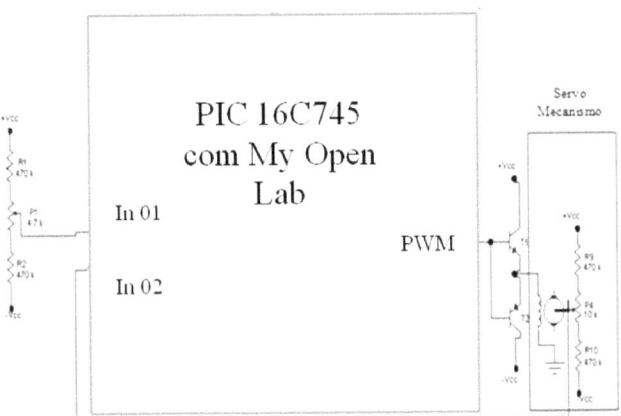

Figura 52 – Topologia do projeto PID Digital com MyOpenLab

O circuito que iremos aplicar na substituição dos operacionais está descrito na figura 53.

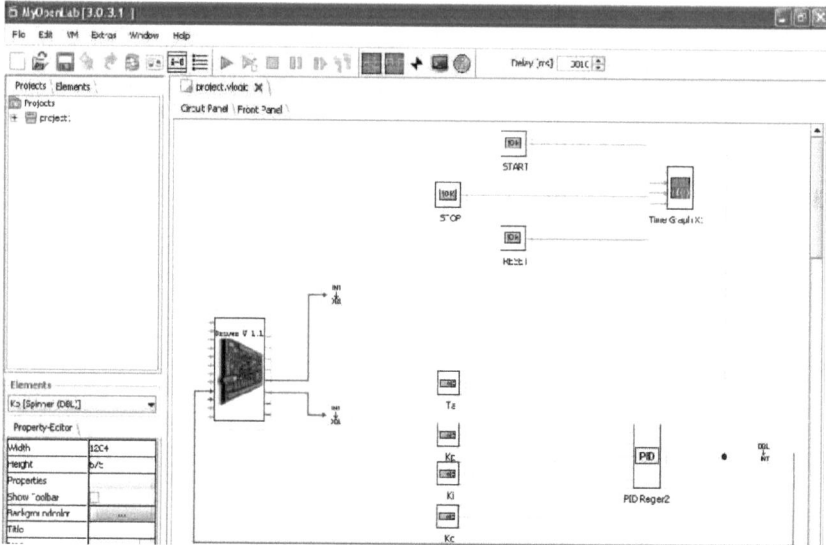

Figura 53 – Circuito do projeto PID Digital com MyOpenLab

4.3. Programação em Java dos principais componentes do circuito PID Digital

Segue a Programação em Java, com protocolo aberto dos principais componentes do circuito PID Digital apresentado na figura 53.

```
Element of MyOpenLab Library                              *
//*                                         *
//* Copyright (C) 2004  Carmelo Salafia (cswi@gmx.de)        *
//*                                         *
//* This library is free software; you can redistribute it and/or modify   *
//* it under the terms of the GNU Lesser General Public License as published  *
//* by the Free Software Foundation; either version 2.1 of the License,    *
//* or (at your option) any later version.                  *
//* http://www.gnu.org/licenses/lgpl.html                   *
//*                                         *
//* This library is distributed in the hope that it will be useful,      *
//* but WITHOUTANY WARRANTY; without even the implied warranty of       *
//* MERCHANTABILITY or FITNESS FOR A PARTICULAR PURPOSE.                   *
//* See the GNU Lesser General Public License for more details.        *
//*                                         *
//* You should have received a copy of the GNU Lesser General Public License  *
//* along with this library; if not, write to the Free Software Foundation,  *
//* Inc., 51 Franklin St, Fifth Floor, Boston, MA 02110, USA       *
//*********************************************************************
```

54

```java
import VisualLogic.*;
import VisualLogic.variables.*;
import tools.*;

import java.awt.*;
import java.awt.event.*;


public class PID extends JVSMain
{
  private Image image;
  private VSDouble inE;
  private VSDouble inTa;
  private VSDouble inKp;
  private VSDouble inKi;
  private VSDouble inKd;

  private VSDouble out= new VSDouble();

  public void paint(java.awt.Graphics g)
  {
    drawImageCentred(g,image);
  }

  public void onDispose()
  {
    if (image!=null)
    {
      image.flush();
      image=null;
    }
  }
  public void init()
  {
    initPins(0,1,0,5);
    setSize(50,25+10*5);
    element.jSetInnerBorderVisibility(true);
    element.jSetTopPinsVisible(false);
    element.jSetBottomPinsVisible(false);

    image=element.jLoadImage(element.jGetSourcePath()+"icon.png");

    element.jInitPins();

    setPin(0,ExternalIF.C_DOUBLE,element.PIN_OUTPUT); // y
    setPin(1,ExternalIF.C_DOUBLE,element.PIN_INPUT);  // e (Regelabweichung)
    setPin(2,ExternalIF.C_DOUBLE,element.PIN_INPUT);  // Ta (Abtastzeit)
    setPin(3,ExternalIF.C_DOUBLE,element.PIN_INPUT);  // Kp
```

```java
    setPin(4,ExternalIF.C_DOUBLE,element.PIN_INPUT);  // Ki
    setPin(5,ExternalIF.C_DOUBLE,element.PIN_INPUT);  // Kd

    element.jSetPinDescription(0,"y");
    element.jSetPinDescription(1,"e (Regelabweichung)");
    element.jSetPinDescription(2,"Ta (Abtastzeit)");
    element.jSetPinDescription(3,"Kp");
    element.jSetPinDescription(4,"Ki");
    element.jSetPinDescription(5,"Kd");

    setName("PID-Regulator");

}


public void initInputPins()
{
    inE=(VSDouble)element.getPinInputReference(1);
    inTa=(VSDouble)element.getPinInputReference(2);
    inKp=(VSDouble)element.getPinInputReference(3);
    inKi=(VSDouble)element.getPinInputReference(4);
    inKd=(VSDouble)element.getPinInputReference(5);

    if (inE==null) inE=new VSDouble(0);
    if (inTa==null) inTa=new VSDouble(1);
    if (inKp==null) inKp=new VSDouble(1);
    if (inKi==null) inKi=new VSDouble(0);
    if (inKd==null) inKd=new VSDouble(0);
}

public void initOutputPins()
{
    element.setPinOutputReference(0,out);
}


double esum;
double ealt;

public void start()
{
    esum=0;
    ealt=0;
}


public void process()
{
    double e = inE.getValue();
```

```
double Ta = inTa.getValue();
double Kp = inKp.getValue();
double Ki = inKi.getValue();
double Kd = inKd.getValue();
double y=0;

if (Ta>0)
{
  esum+=e;
  y=Kp*e + Ki*Ta*esum + Kd*(e-ealt)/Ta;
  ealt=e;
}

//System.out.println("y="+y);
out.setValue(y);

element.notifyPin(0);
}


}
```

Segue a Programação em Java, com protocolo aberto do componente Driver 1.1 da figura 53:

```
import VisualLogic.*;
import VisualLogic.variables.*;
import tools.*;
import java.awt.*;
import java.awt.event.*;
```

57

```java
import java.text.*;

import javax.swing.*;
import java.util.*;
import java.io.*;


public class K8055 extends JVSMain implements MyOpenLabDriverOwnerIF
{
  private boolean isOpen=false;

  private boolean oldInp1,oldInp2,oldInp3,oldInp4,oldInp5;
  public boolean xStop=false;
  private Boolean a0=false,a1=false,a2=false,a3=false,a4=false,a5=false,a6=false;
  private boolean inp1=false;
  private boolean inp2=false;
  private boolean inp3=false;
  private boolean inp4=false;
  private boolean inp5=false;
  private boolean running=false;

  private VSBoolean inOut1;
  private VSBoolean inOut2;
  private VSBoolean inOut3;
  private VSBoolean inOut4;
  private VSBoolean inOut5;
  private VSBoolean inOut6;
  private VSBoolean inOut7;
  private VSBoolean inOut8;

  private VSBoolean SK5=new VSBoolean(true);
  private VSBoolean SK6=new VSBoolean(true);

  private VSInteger counterBouncingTime1=new VSInteger(50);
  private VSInteger counterBouncingTime2=new VSInteger(50);

  private VSInteger inAC1;
  private VSInteger inAC2;
  private VSBoolean inCounter1Reset;
  private VSBoolean inCounter2Reset;

  private VSBoolean outInp1 = new VSBoolean();
  private VSBoolean outInp2 = new VSBoolean();
  private VSBoolean outInp3 = new VSBoolean();
  private VSBoolean outInp4 = new VSBoolean();
  private VSBoolean outInp5 = new VSBoolean();

  private VSInteger outA1=new VSInteger(0);
  private VSInteger outA2=new VSInteger(0);
```

```java
private VSInteger outCounter1=new VSInteger(0);
private VSInteger outCounter2=new VSInteger(0);

private Image image;
private MyOpenLabDriverIF driver ;

private int test=0;

public void getCommand(String commando, Object value)
{

  if (value instanceof Boolean)
  {
    Boolean val=(Boolean)value;

    if (commando.equals("inp1"))
{outInp1.setValue(val.booleanValue());element.notifyPin(0);}else
    if (commando.equals("inp2"))
{outInp2.setValue(val.booleanValue());element.notifyPin(1);}else
    if (commando.equals("inp3"))
{outInp3.setValue(val.booleanValue());element.notifyPin(2);}else
    if (commando.equals("inp4"))
{outInp4.setValue(val.booleanValue());element.notifyPin(3);}else
    if (commando.equals("inp5"))
{outInp5.setValue(val.booleanValue());element.notifyPin(4);}
    }else
    if (value instanceof Integer)
    {
    Integer val=(Integer)value;

    if (commando.equals("DAC1"))
{outA1.setValue(val.intValue());element.notifyPin(5);}else
    if (commando.equals("DAC2"))
{outA2.setValue(val.intValue());element.notifyPin(6);}else

    if (commando.equals("COUNTER1"))
{outCounter1.setValue(val.intValue());element.notifyPin(7);}else
    if (commando.equals("COUNTER2"))
{outCounter2.setValue(val.intValue());element.notifyPin(8);}
    }

}


public K8055()
{

}
public void onDispose()
{
```

```
image.flush();
image=null;
}

public void setPropertyEditor()
{
  element.jAddPEItem("SK5",SK5, 0,0);
      element.jAddPEItem("SK6",SK6, 0,0);
  element.jAddPEItem("Counter 1 Debounce Time [ms]",counterBouncingTime1, 0,5000);
  element.jAddPEItem("Counter 2 Debounce Time [ms]",counterBouncingTime2, 0,5000);
}


public void propertyChanged(Object o)
{
}


public void paint(java.awt.Graphics g)
{
    drawImageCentred(g,image);
}

public boolean dllsInstalled()
{
    String winDir=System.getenv("WINDIR");

    File f2=new File(winDir+"\\system32\\K8055D.dll");

    if (!f2.exists())
    {
      return false;
    }
    return true;
}

public void init()
{
  initPins(0,7+2,0,10+2);
  setSize(80,120+2*10);

    image=element.jLoadImage(element.jGetSourcePath()+"image.png");

    element.jSetLeftPinsVisible(true);
    element.jSetRightPinsVisible(true);

    setPin(0,ExternalIF.C_BOOLEAN,element.PIN_OUTPUT);
    setPin(1,ExternalIF.C_BOOLEAN,element.PIN_OUTPUT);
    setPin(2,ExternalIF.C_BOOLEAN,element.PIN_OUTPUT);
    setPin(3,ExternalIF.C_BOOLEAN,element.PIN_OUTPUT);
```

```
setPin(4,ExternalIF.C_BOOLEAN,element.PIN_OUTPUT);

setPin(5,ExternalIF.C_INTEGER,element.PIN_OUTPUT);
setPin(6,ExternalIF.C_INTEGER,element.PIN_OUTPUT);

setPin(7,ExternalIF.C_INTEGER,element.PIN_OUTPUT);
setPin(8,ExternalIF.C_INTEGER,element.PIN_OUTPUT);


setPin(9,ExternalIF.C_BOOLEAN,element.PIN_INPUT);
setPin(10,ExternalIF.C_BOOLEAN,element.PIN_INPUT);
setPin(11,ExternalIF.C_BOOLEAN,element.PIN_INPUT);
setPin(12,ExternalIF.C_BOOLEAN,element.PIN_INPUT);
setPin(13,ExternalIF.C_BOOLEAN,element.PIN_INPUT);
setPin(14,ExternalIF.C_BOOLEAN,element.PIN_INPUT);
setPin(15,ExternalIF.C_BOOLEAN,element.PIN_INPUT);
setPin(16,ExternalIF.C_BOOLEAN,element.PIN_INPUT);

setPin(17,ExternalIF.C_INTEGER,element.PIN_INPUT);
setPin(18,ExternalIF.C_INTEGER,element.PIN_INPUT);

setPin(19,ExternalIF.C_BOOLEAN,element.PIN_INPUT);
setPin(20,ExternalIF.C_BOOLEAN,element.PIN_INPUT);

element.jSetPinDescription(0,"Inp1");
element.jSetPinDescription(1,"Inp2");
element.jSetPinDescription(2,"Inp3");
element.jSetPinDescription(3,"Inp4");
element.jSetPinDescription(4,"Inp5");

element.jSetPinDescription(5,"ADC CH-1");
element.jSetPinDescription(6,"ADC CH-2");

element.jSetPinDescription(7,"Counter 1");
element.jSetPinDescription(8,"Counter 2");

element.jSetPinDescription(9,"Out1");
element.jSetPinDescription(10,"Out2");
element.jSetPinDescription(11,"Out3");
element.jSetPinDescription(12,"Out4");
element.jSetPinDescription(13,"Out5");
element.jSetPinDescription(14,"Out6");
element.jSetPinDescription(15,"Out7");
element.jSetPinDescription(16,"Out8");

element.jSetPinDescription(17,"PWM 1");
element.jSetPinDescription(18,"PWM 2");

element.jSetPinDescription(19,"Counter 1 Reset");
element.jSetPinDescription(20,"Counter 2 Reset");
```

```
element.jSetCaptionVisible(false);
element.jSetCaption("K8055_v1.1 Board");

setName("K8055_v1.1");
}




public void initInputPins()
{
 inOut1=(VSBoolean)element.getPinInputReference(9);
 inOut2=(VSBoolean)element.getPinInputReference(10);
 inOut3=(VSBoolean)element.getPinInputReference(11);
 inOut4=(VSBoolean)element.getPinInputReference(12);
 inOut5=(VSBoolean)element.getPinInputReference(13);
 inOut6=(VSBoolean)element.getPinInputReference(14);
 inOut7=(VSBoolean)element.getPinInputReference(15);
 inOut8=(VSBoolean)element.getPinInputReference(16);

 inAC1=(VSInteger)element.getPinInputReference(17);
 inAC2=(VSInteger)element.getPinInputReference(18);

 inCounter1Reset=(VSBoolean)element.getPinInputReference(19);
 inCounter2Reset=(VSBoolean)element.getPinInputReference(20);


 if (inOut1==null) inOut1= new VSBoolean();
 if (inOut2==null) inOut2= new VSBoolean();
 if (inOut3==null) inOut3= new VSBoolean();
 if (inOut4==null) inOut4= new VSBoolean();
 if (inOut5==null) inOut5= new VSBoolean();
 if (inOut6==null) inOut6= new VSBoolean();
 if (inOut7==null) inOut7= new VSBoolean();
 if (inOut8==null) inOut8= new VSBoolean();

 if (inAC1==null) inAC1= new VSInteger();
 if (inAC2==null) inAC2= new VSInteger();

 if (inCounter1Reset==null) inCounter1Reset= new VSBoolean();
 if (inCounter2Reset==null) inCounter2Reset= new VSBoolean();

}

public void initOutputPins()
{
 element.setPinOutputReference(0,outInp1);
 element.setPinOutputReference(1,outInp2);
```

```java
element.setPinOutputReference(2,outInp3);
element.setPinOutputReference(3,outInp4);
element.setPinOutputReference(4,outInp5);
element.setPinOutputReference(5,outA1);
element.setPinOutputReference(6,outA2);
element.setPinOutputReference(7,outCounter1);
element.setPinOutputReference(8,outCounter2);

}

private int getAdresse()
{
        int sk5=0;
        int sk6=0;
        if (SK5.getValue()==true) sk5=1 ; else sk5=0;
        if (SK6.getValue()==true) sk6=1 ; else sk6=0;
        return 3-(sk5+sk6*2);
}

  public static void showMessage(String message)
  {

JOptionPane.showMessageDialog(null,message,"Attention!",JOptionPane.ERROR_MESSA
GE);
  }

  public void start()
  {

  if (dllsInstalled())
  {
   isOpen=false;

   ArrayList args=new ArrayList();


   args.add(new Integer(getAdresse()));
   args.add(new Integer(counterBouncingTime1.getValue()));
   args.add(new Integer(counterBouncingTime2.getValue()));

   driver = element.jOpenDriver("Velleman.K8055_v1.1", args);
   driver.registerOwner(this);

   if (driver!=null)
   {
    isOpen=true;
   }

   if (isOpen)
   {
```

```java
      driver.sendCommand("ClearAllDigital",null);
      driver.sendCommand("ClearAllAnalog",null);
    }

  }else
  {

    String winDir=System.getenv("WINDIR")+"\\system32";

    showMessage("Please copy \"K8055D.dll\" from your Driver CD/DVD in "+winDir+"
Directory!");
  }

 }

 public void stop()
 {
  if (isOpen)
  {
   try
   {
    driver.sendCommand("ClearAllDigital",null);
    driver.sendCommand("ClearAllAnalog",null);
    element.jCloseDriver("Velleman.K8055_v1.1");
   }catch (Exception ex)
   {
    System.out.println(ex);
    isOpen=false;
   }
  }
 }


 public void elementActionPerformed(ElementActionEvent evt)
 {

  int idx=evt.getSourcePinIndex();

  switch (idx)
  {
   case 9:  driver.sendCommand("out1",new Boolean(inOut1.getValue())); break;  // Out1
   case 10: driver.sendCommand("out2",new Boolean(inOut2.getValue())); break;  // Out2
   case 11: driver.sendCommand("out3",new Boolean(inOut3.getValue())); break;  // Out3
   case 12: driver.sendCommand("out4",new Boolean(inOut4.getValue())); break;  // Out4
   case 13: driver.sendCommand("out5",new Boolean(inOut5.getValue())); break;  // Out5
   case 14: driver.sendCommand("out6",new Boolean(inOut6.getValue())); break;  // Out6
   case 15: driver.sendCommand("out7",new Boolean(inOut7.getValue())); break;  // Out7
   case 16: driver.sendCommand("out8",new Boolean(inOut8.getValue())); break;  // Out8
```

```java
        case 17: driver.sendCommand("ADC1",new Integer((int)inAC1.getValue())); break;  //
ADC1
        case 18: driver.sendCommand("ADC2",new Integer((int)inAC2.getValue())); break;  //
ADC2

        case 19: driver.sendCommand("RESET_COUNTER_1",null); break;  // Reset Counter 1
        case 20: driver.sendCommand("RESET_COUNTER_2",null); break;  // Reset Counter 2
      }
    }
    public void loadFromStream(java.io.FileInputStream fis)
    {
      VSInteger adresse = new VSInteger();
          adresse.loadFromStream(fis);

          switch(adresse.getValue())
          {
            case 0 : SK5.setValue(true); SK6.setValue(true); break;
            case 1 : SK5.setValue(false); SK6.setValue(true); break;
            case 2 : SK5.setValue(true); SK6.setValue(false); break;
            case 3 : SK5.setValue(false); SK6.setValue(false); break;
          }

      counterBouncingTime1.loadFromStream(fis);
      counterBouncingTime2.loadFromStream(fis);
    }

    public void saveToStream(java.io.FileOutputStream fos)
    {
      VSInteger adresse = new VSInteger();
          adresse.setValue(getAdresse());
          adresse.saveToStream(fos);

      counterBouncingTime1.saveToStream(fos);
      counterBouncingTime2.saveToStream(fos);
    }

}
```

ANÁLISE DOS RESULTADO

CAPÍTULO 5

Baseado nos fundamentos teóricos apresentados nos capítulos anteriores, projetaremos e implementaremos o controlador proporcional analógico para levantar a resposta ao degrau do servo mecanismo até então desconhecido.

5.1 Ensaios em laboratório – levantamento do H(S) e Proporcional

O primeiro passo é utilizar um degrau adequado e ajustar o ganho para um valor suficiente para gerar dois a três sobre sinais. O valor do degrau aplicado deve permitir oscilações positivas e negativas sem que sejam saturadas.

Utilizando os valores indicados abaixo, foi obtido à seguinte resposta no osciloscópio:

Degrau = 5,0V

Ganho proporcional = 10

Utilizando o método de Ziegler Nicholls foi ajustado para o Maximo ganho em que o sistema não entrasse em oscilação.

Gu = 22 (Gu = ganho crítico do sistema)

Então: $Kp = \dfrac{Gu}{2,2} = 10$

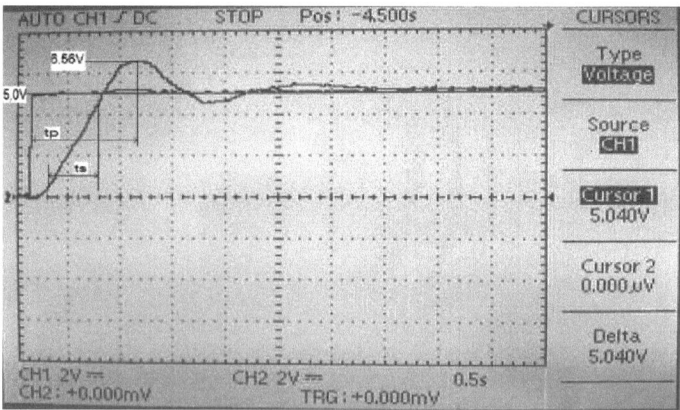

Figura 54: Resultado no osciloscópio (Controlador Analógico Proporcional)

Da prática temos as respostas:

Tp = 1,02 s

Ta = 3,32 s

Ts = 0,44 s

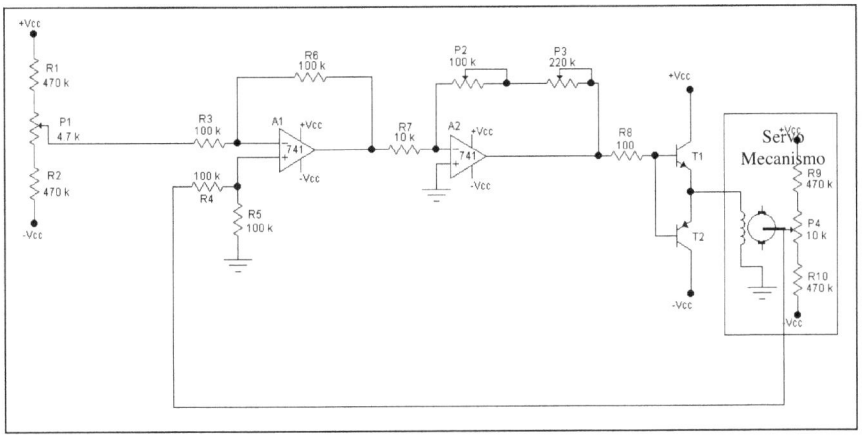

Figura 55: Esquema elétrico do circuito analógico P

$$Mp = \frac{6,56 - 5,0}{5,0} = 0,312 = 31,2\%$$

$$Mp = e^{\left(\frac{\pi\varepsilon}{\sqrt{1-\varepsilon^2}}\right)}$$

$$\varepsilon = 0.3475$$

$$tp = \frac{\pi}{Wn\left(1-\varepsilon^2\right)^{1/2}}$$

$$Wn = 3,283rad / s$$

Logo;

$$F1(S) = \frac{Wn^2}{S^2 + 2S\varepsilon Wn + Wn^2} = \frac{10,78}{S^2 + 2,28S + 10,78}$$

O diagrama em blocos completo está representado na Fig. 45.

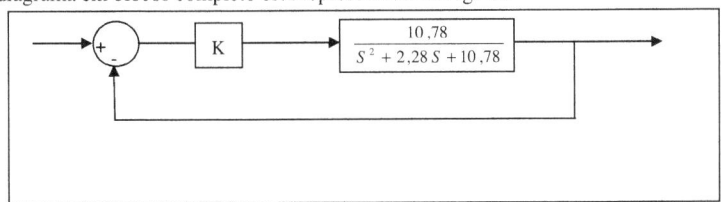

Figura 56:Diagrama em blocos do Controlador Analógico P + Servomecanismo

O sistema implementado na prática é reproduzido no Matlab e fica claro que a matemática e os métodos utilizados são fiéis, o resultado da simulação no software coincide com o valores práticos.

Utilizando o degrau unitário verifica-se o Mp exatamente 31% acima com um tempo Tp=1,02 segundos.

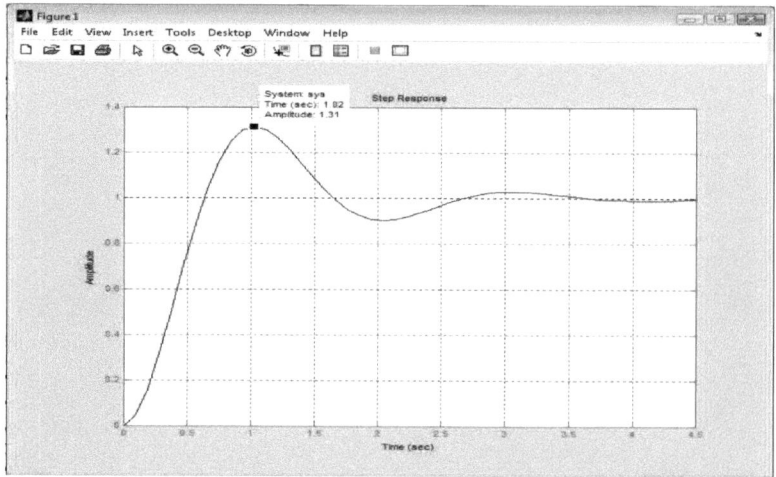

Figura 57: Simulação no Matlab do Controlador P + Servomecanismo

Sabemos que quanto maior o ganho, mais oscilações serão produzidas e menor será o erro de regime permanente. Como visto no resultado anterior, o erro de regime permanente ficou em aproximadamente 0,28V, muito próximo do permitido, que é de 5% do valor de referência. Com o intuito de demonstrar melhor esta característica do erro permanente o ganho do proporcional foi reduzido para Kp=2 e foi obtido o seguinte resultado:

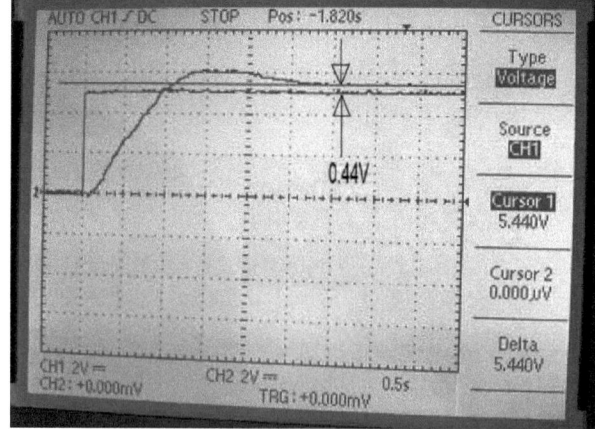

Figura 58: Resultado no osciloscópio do Controlador Analógico P + Servomecanismo

Foi obtido um erro de regime permanente igual a 0,44V o qual é maior que os 5% permitido. Será visto a seguir como o módulo integral age sobre este erro.

5.2. Ensaios em laboratório - Proporcional + Integral

A fim de obter um efeito mais didático foi escolhida uma constante de tempo de 940ms, pois demonstra um efeito mais lento e visível na tela do osciloscópio e perceptível a olho nú. Então, o circuito integrador foi ajustado para:

RC = 940 ms
C = 2,0μF

Logo temos: R = 470 KΩ

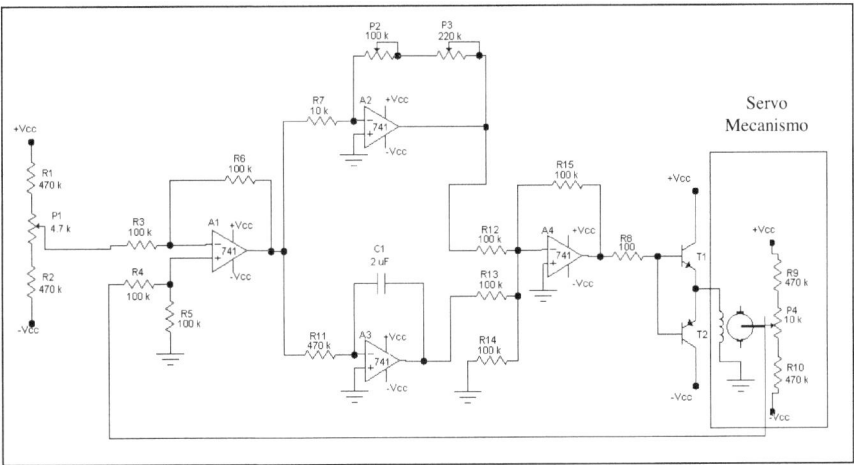

Figura 59 – Esquema elétrico do Controlador Analógico Proporcional + Integral (PI)

Assim com aplicação do degrau padronizado para todos os ensaios igual a 5,0V e o módulo proporcional com um ganho igual a 2 obtemos a resposta visualizada na figura 60. Observando o resultado obtido quando utilizado apenas o módulo proporcional é possível ver claramente o módulo integral agindo sobre o erro de regime permanente.

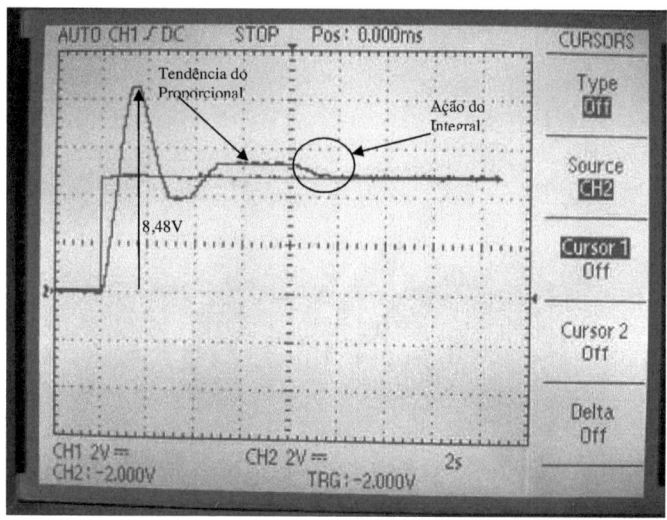

Figura 60: Resultado osciloscópio do Controlador Analógico PI + Servomecanismo

5.3.Ensaios em laboratório - Proporcional + Integral + Derivativo

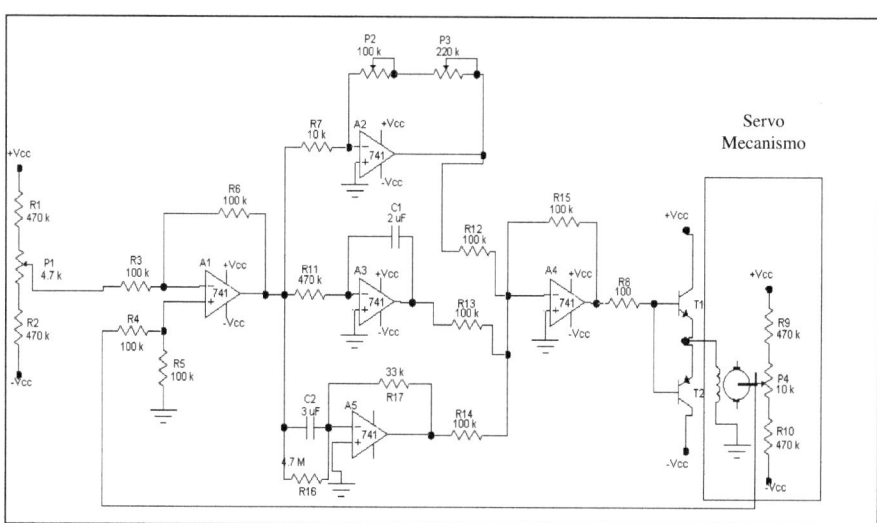

Figura 61: Esquema elétrico do Controlador Analógico Proporcional + Integral + derivativo (PID)

Observando os resultados e considerando a variação do ganho entre 2, 10 e 32 pode-se visualizar a ação do módulo derivativo reduzindo o sobre sinal e o tempo que leva para atingir o valor nominal do degrau igual a 5,0V.

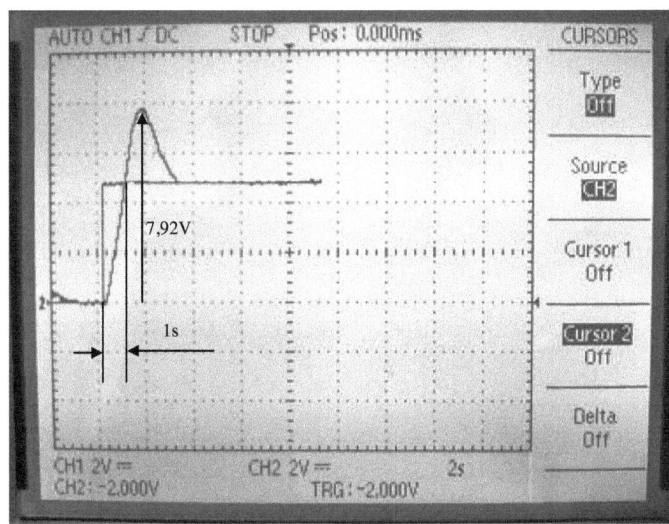

Figura 62: Resultado do controlador analógico PID + Servomecanismo (ganho 2)

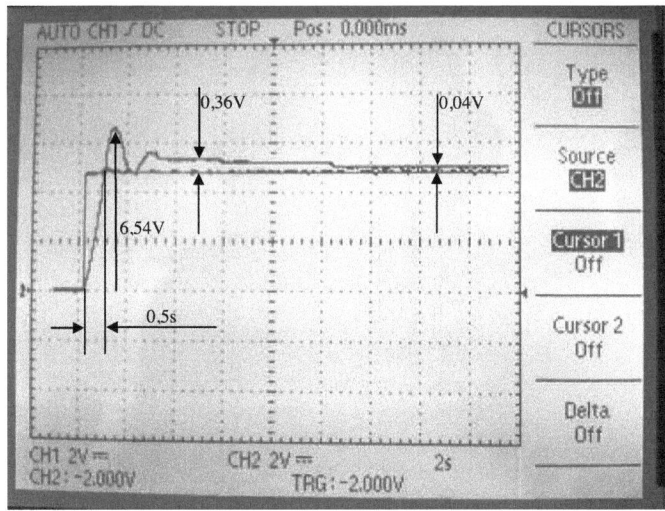

Figura 63: Resultado do controlador analógico PID + Servomecanismo (ganho 10)

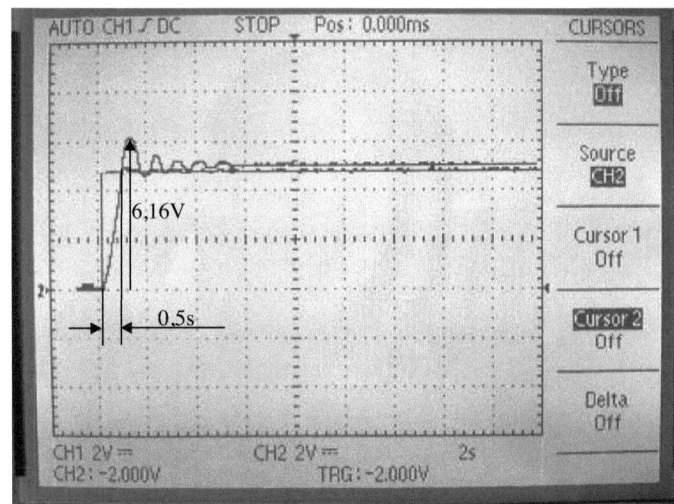

Figura 64: Resultado do controlador analógico PID + Servomecanismo (ganho 32)

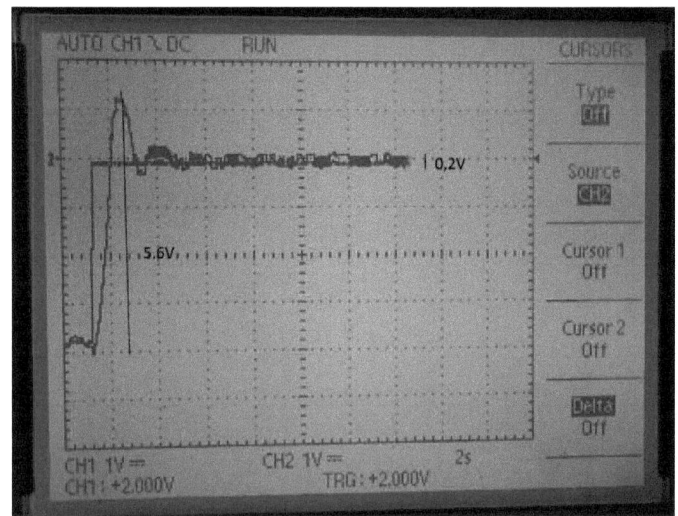

Figura 65: Resultado do controlador digital PID + Servomecanismo (ganho 2)

72

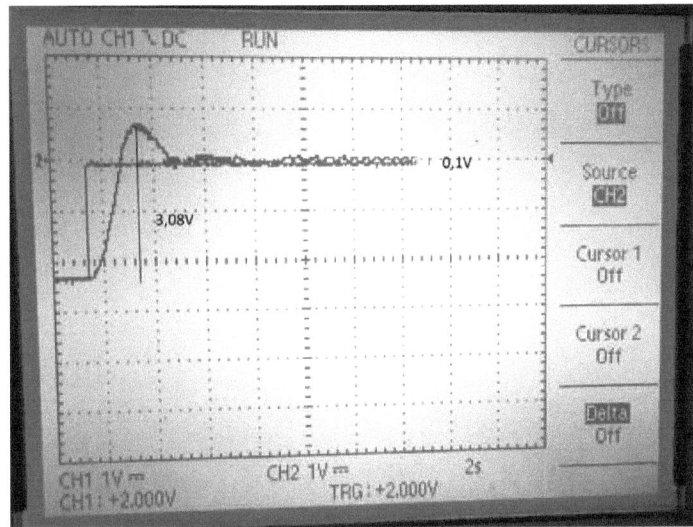

Figura 66: Resultado do controlador digital PID + Servomecanismo (ganho 10)

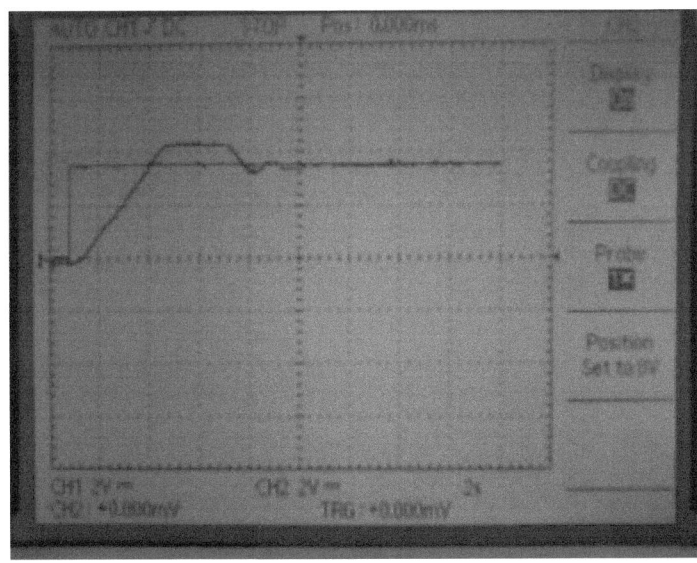

Figura 67: Resultado do controlador digital PID + Servomecanismo (ganho 32)

73

CONCLUSÃO

Através da realização deste trabalho, foi atingido o objetivo de construir um protótipo de um sistema de posicionamento para fins didáticos. Nesse projeto foi utilizado um sistema de controle analógico que combina controladores, proporcional, integral e derivativo em malha fechada, permitindo visualizar os efeitos de cada módulo em separado (P e I) ou em conjunto (PI, PD e PID) e sedimentar os conceitos teóricos aprendidos em sala de aula.

Alterando os parâmetros dos controladores e as combinações dos módulos, obtivemos do sistema, respostas superamortecidas, sub-amortecidas, criticamente amortecidas, instabilidade do sistema e erro de regime permanente.

Foi observado que quanto maior o ganho, o sistema tende a se tornar oscilatório, em compensação o erro de regime permanente é menor. E na situação contrária, com ganhos menores, o sistema tende a ficar superamortecido, mas com erro de regime permanente maior.

Quando é inserido um controlador do tipo integral, o erro de regime permanente tende a ser anulado.

Outra parte da proposta foi realizar com os mesmos parâmetros, a simulação do controlador digital K8055 da empresa Velleman, que utiliza o PIC16C745 e o software MyOpenLab.

Comparando a atuação prática dos controladores analógico e digital, verificamos que ambos se comportaram de maneira muito próxima a simulação numérica do MatLab e ao modelo teórico desenvolvido.

Através deste trabalho tivemos a oportunidade de desenvolver e enriquecer os conhecimentos nas áreas de controle com sistemas realimentados e na área de eletrônica.

REFERÊNCIAS BIBLIOGRÁFICAS

[OGATA, 2000]   OGATA, Katsuhiko. *Engenharia de Controle Moderno*. 3ª ed. Rio de Janeiro: LTC – Livros Técnicos e Científicos Editora S.A., 2000. 813 PÁGINAS. Introdução aos Sistemas de Controle.

[DORF, 2001]   DORF, Richard C., BISHOP, Robert H. *Sistemas de Controle Modernos*. 8ª ed. Rio de Janeiro: LTC – Livros Técnicos e Científicos da Editora S.A., 2001. 659 PÁGINAS. Modelos Matemáticos de Sistemas, O Método do Lugar das Raízes.

[BENTO, 1989]   BENTO, Celso Roberto. *Sistemas de Controle Teoria e Projetos*. 1ª ed. São Paulo: Livros Érica Editora Ltda., 1989. 191 PÁGINAS. Estudo dos Controladores Proporcional, Integral e Derivativo e do Controlador PLL.

[BARBOSA, 2002]   BARBOSA, José, MAYA, Paulo A., BARBUY, Heraldo S. *Controle Automático: Apostila de Laboratório – II da Faculdade Radial*. São Paulo, 2002. 33 PÁGINAS.

[MATIAS, 2002]   MATIAS, Juliano. Teoria de Controle PID. *Mecatrônica Atual*, São Paulo, ANO 1 – nº 3, p. 17-25, abr.,2002.

[HAYKIN, 2001]   HAYKIN, Simon, BARRY, Van Veen. *Sinais e Sistemas*. 1ª ed. Porto Alegre: Bookman, 2001. 668 PÁGINAS. Aplicação em Sistemas com Realimentação.

[SEDRA, 2000]   SEDRA, Adel S., SMITH, Kenneth C.. *Microeletrônica*. 4ª ed. São Paulo: Makron Books, 2000. 1270 PÁGINAS. Realimentação, Circuitos Integrados Analógicos.

INFORMAÇÕES TÉCNICAS DO LM741

Dual-In-Line or S.O. Package

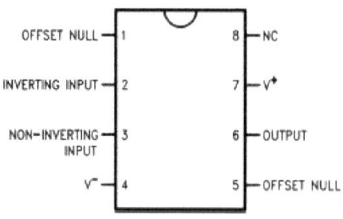

00934103

Order Number LM741J, LM741J/883, LM741CN
See NS Package Number J08A, M08A or N08E

Electrical Characteristics

Parameter	Conditions	LM741A			LM741			LM741C			Units
		Min	Typ	Max	Min	Typ	Max	Min	Typ	Max	
Input Offset Voltage	$T_A = 25°C$										
	$R_S \leq 10\ k\Omega$					1.0	5.0		2.0	6.0	mV
	$R_S \leq 50\Omega$		0.8	3.0							mV
	$T_{AMIN} \leq T_A \leq T_{AMAX}$										
	$R_S \leq 50\Omega$			4.0							mV|
	$R_S \leq 10\ k\Omega$						6.0			7.5	mV
Average Input Offset Voltage Drift				15							µV/°C
Input Offset Voltage Adjustment Range	$T_A = 25°C$, $V_S = \pm20V$	±10				±15			±15		mV
Input Offset Current	$T_A = 25°C$		3.0	30		20	200		20	200	nA
	$T_{AMIN} \leq T_A \leq T_{AMAX}$			70		85	500			300	nA
Average Input Offset Current Drift			0.5								nA/°C
Input Bias Current	$T_A = 25°C$		30	80		80	500		80	500	nA
	$T_{AMIN} \leq T_A \leq T_{AMAX}$			0.210			1.5			0.8	µA
Input Resistance	$T_A = 25°C$, $V_S = \pm20V$	1.0	6.0		0.3	2.0		0.3	2.0		MΩ
	$T_{AMIN} \leq T_A \leq T_{AMAX}$, $V_S = \pm20V$	0.5									MΩ
Input Voltage Range	$T_A = 25°C$							±12	±13		V
	$T_{AMIN} \leq T_A \leq T_{AMAX}$				±12	±13					V

INFORMAÇÕES TÉCNICAS DO PIC16C745

ANEXO B

PIC16C745/765

8-Bit CMOS Microcontrollers with USB

Devices included in this data sheet:
- PIC16C745
- PIC16C765

Microcontroller Core Features:
- High-performance RISC CPU
- Only 35 single word instructions

Device	Memory		Pins	A/D Resolution	A/D Channels
	Program x14	Data x8			
PIC16C745	8K	256	28	8	5
PIC16C765	8K	256	40	8	8

- All single cycle instructions except for program branches which are two cycle
- Interrupt capability (up to 12 internal/external interrupt sources)
- Eight level deep hardware stack
- Direct, indirect and relative addressing modes
- Power-on Reset (POR)
- Power-up Timer (PWRT) and Oscillator Start-up Timer (OST)
- Watchdog Timer (WDT) with its own on-chip RC oscillator for reliable operation
- Brown-out detection circuitry for Brown-out Reset (BOR)
- Programmable code-protection
- Power saving SLEEP mode
- Selectable oscillator options
  - EC - External clock (24 MHz)
  - E4 - External clock with PLL (6 MHz)
  - HS - Crystal/Resonator (24 MHz)
  - H4 - Crystal/Resonator with PLL (6 MHz)
- Processor clock of 24 MHz derived from 6 MHz crystal or resonator
- Fully static low-power, high-speed CMOS
- In-Circuit Serial Programming™ (ICSP)
- Operating voltage range
  - 4.35 to 5.25V
- High Sink/Source Current 25/25 mA
- Wide temperature range
  - Industrial (-40°C - 85°C)
- Low-power consumption:
  - ~ 16 mA @ 5V, 24 MHz
  - 100 µA typical standby current

Pin Diagrams

28-Pin DIP, SOIC

```
            MCLR/VPP  →  1   28  →  RB7
            RA0/AN0   →  2   27  →  RB6
            RA1/AN1   →  3   26  →  RB5
            RA2/AN2   →  4   25  →  RB4
         RA3/AN3/VREF  →  5   24  →  RB3
           RA4/T0CKI  →  6   23  →  RB2
            RA5/AN4   →  7   22  →  RB1
                Vss   →  8   21  →  RB0/INT
          OSC1/CLKIN  →  9   20  →  VDD
         OSC2/CLKOUT  →  10  19  →  Vss
        RC0/T1OSO/T1CKI → 11  18  →  RC7/RX/DT
       RC1/T1OSI/CCP2  → 12  17  →  RC6/TX/CK
            RC2/CCP1  →  13  16  →  D+
               VUSB   →  14  15  →  D-
```
(PIC16C745)

Peripheral Features:
- Universal Serial Bus (USB 1.1)
  - Soft attach/detach
- 64 bytes of USB dual port RAM
- 22 (PIC16C745) or 33 (PIC16C765) I/O pins
  - Individual direction control
  - 1 high voltage open drain (RA4)
  - 8 PORTB pins with:
    - Interrupt-on-change control (RB<7:4> only)
    - Weak pull-up control
  - 3 pins dedicated to USB
- Timer0: 8-bit timer/counter with 8-bit prescaler
- Timer1: 16-bit timer/counter with prescaler can be incremented during SLEEP via external crystal/clock
- Timer2: 8-bit timer/counter with 8-bit period register, prescaler and postscaler
- 2 Capture, Compare and PWM modules
  - Capture is 16-bit, max. resolution is 10.4 ns
  - Compare is 16-bit, max. resolution is 167 ns
  - PWM maximum resolution is 10-bit
- 8-bit multi-channel Analog-to-Digital converter
- Universal Synchronous Asynchronous Receiver Transmitter (USART/SCI)
- Parallel Slave Port (PSP) 8-bits wide, with external RD, WR and CS controls (PIC16C765 only)

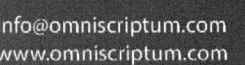

Printed by Books on Demand GmbH, Norderstedt / Germany